彩图6-1　溃疡型腐烂病为害状

彩图6-2　枝枯型腐烂病为害状

彩图6-3　刮除腐烂病斑

彩图6-4　用药涂抹病斑

彩图6-5　用桥接的方法，防止树势衰弱

彩图6-6　干腐型病斑（干腐病）

彩图6-7　溃疡型病斑（干腐病）

彩图6-8　苹果花腐病为害状（一）

彩图6-9　苹果花腐病为害状（二）

彩图6-10　斑点落叶病为害状

彩图6-11　褐斑病为害叶片状

彩图6-12　褐斑病症状

彩图6-13　褐斑病为害果实状

彩图6-14　受褐斑病为害导致早期落叶的苹果树

彩图6-15　白粉病为害状

彩图6-16　苹果炭疽叶枯病为害状（一）

彩图6-17　苹果炭疽叶枯病为害状（二）

彩图6-18　苹果锈病为害的叶正面

彩图6-19　苹果锈病为害的叶背面

彩图6-20　锈病为害的果实

彩图6-21　花叶病为害状

彩图6-22　轮纹病为害枝条状

彩图6-23　轮纹病为害树干状

彩图6-24 轮纹病为害果实状

彩图6-25 炭疽病为害状

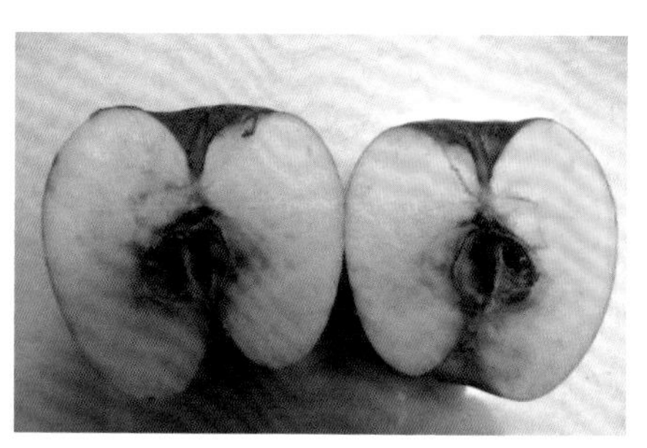

彩图6-26 霉心病症状

彩图6-27 心腐型症状

彩图6-28 花脸型苹果锈果病为害状

彩图6-29 锈果花脸型苹果锈果病为害状

彩图6-30　苹果红点病为害状

彩图6-31　苹果黑点病为害状

彩图6-32　缺铁时新梢的表现

彩图6-33　缺铁时的树体表现

彩图6-34 苹果小叶现象症状（一）

彩图6-35 苹果小叶现象症状（二）

彩图6-36 苦痘病为害果实的外表

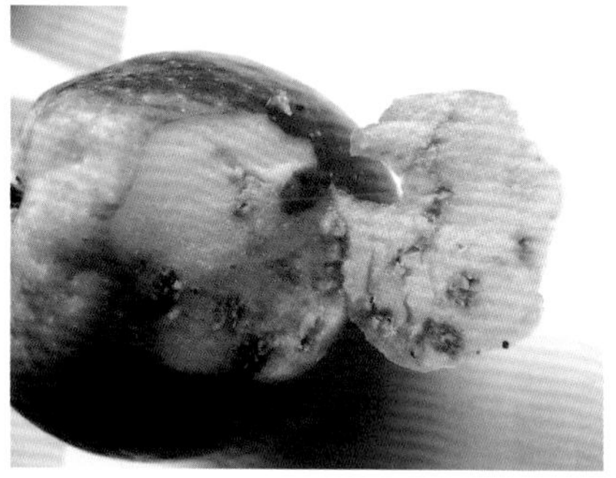
彩图6-37 苦痘病为害果实的果肉

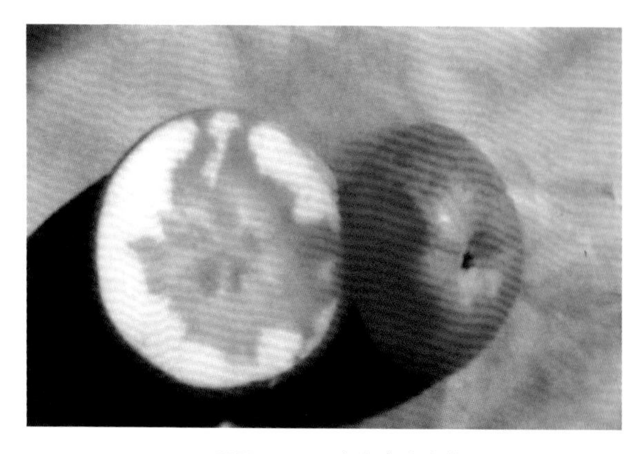
彩图6-38 水心病为害状

彩图6-39　霜环病为害状（一）

彩图6-40　霜环病为害状（二）

彩图6-41　果面出现锈斑（一）

彩图6-42　果面出现锈斑（二）

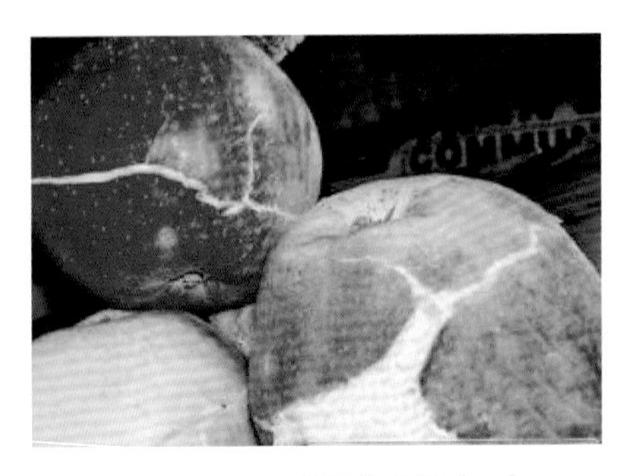

彩图6-43　裂果为害状（一）

彩图6-44　裂果为害状（二）

彩图6-45　煤污病为害状

彩图7-1　绵蚜为害状（一）

彩图7-2　绵蚜为害状（二）

彩图7-3　绵蚜为害状（三）

彩图7-4　苹果绵蚜无翅雌蚜

彩图7-5　黄蚜为害状

彩图7-6 苹果瘤蚜为害状

彩图7-7 山楂叶螨为害状

彩图7-8 苹果红蜘蛛为害状（一）

彩图7-9 苹果红蜘蛛为害状（二）

彩图7-10 山楂叶螨

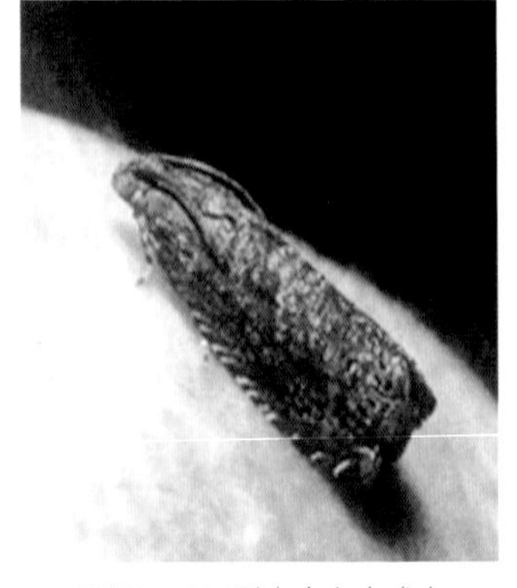

彩图7-11 梨小食心虫成虫

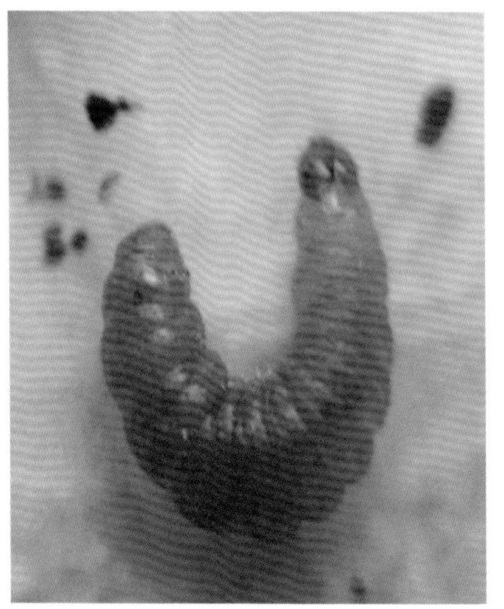

彩图7-12 梨小食心虫幼虫

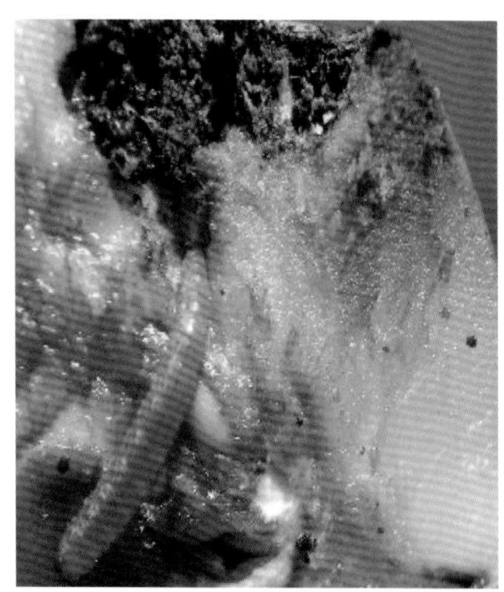

彩图7-13 梨小食心虫幼虫为害状

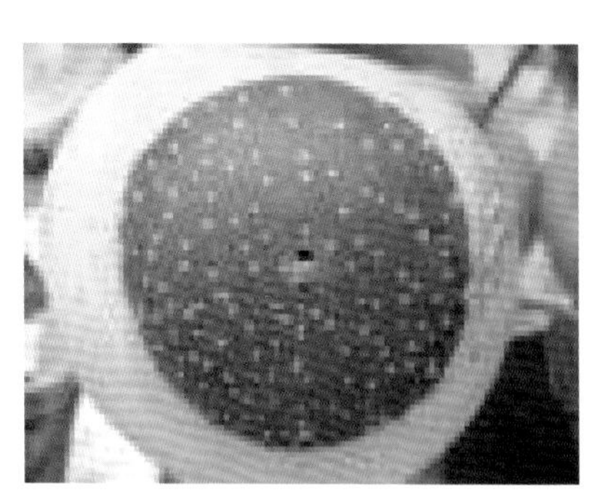

彩图7-14 梨小食心虫为害果实状

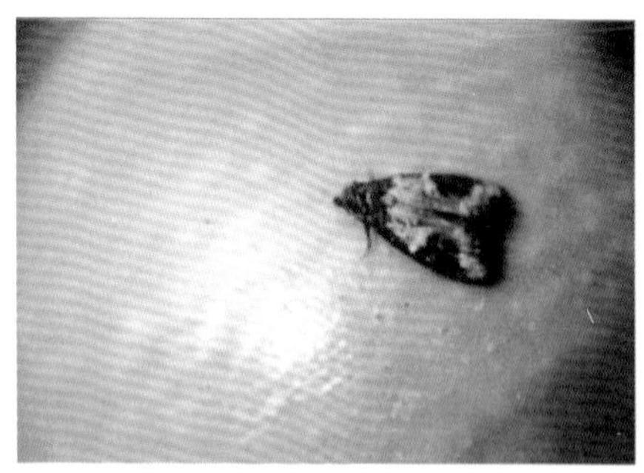

彩图7-15 桃小食心虫成虫

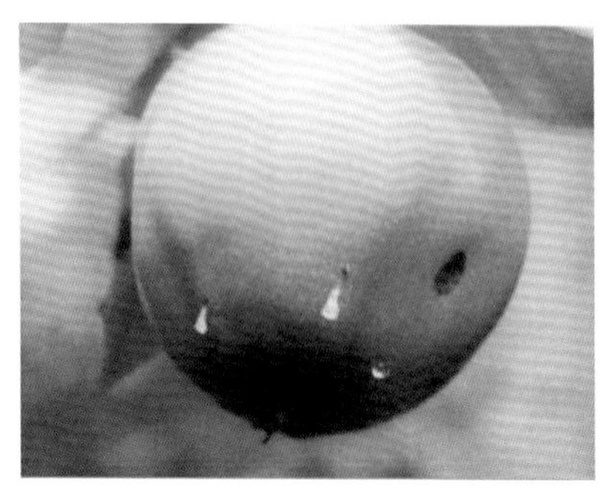

彩图7-16 桃小食心虫为害状“猴头果”

彩图7-17 桃小食心虫为害状“豆沙馅”

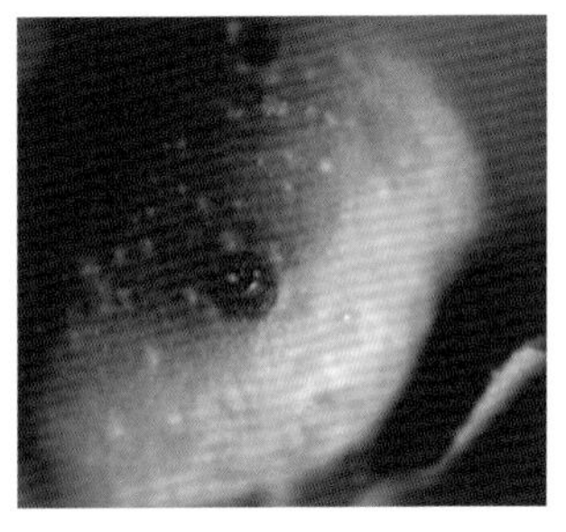

彩图7-18 苹小食心虫为害状　彩图7-19 苹果蠹蛾成虫　彩图7-20 苹果蠹蛾幼虫

彩图7-21 苹果蠹蛾为害状（一）

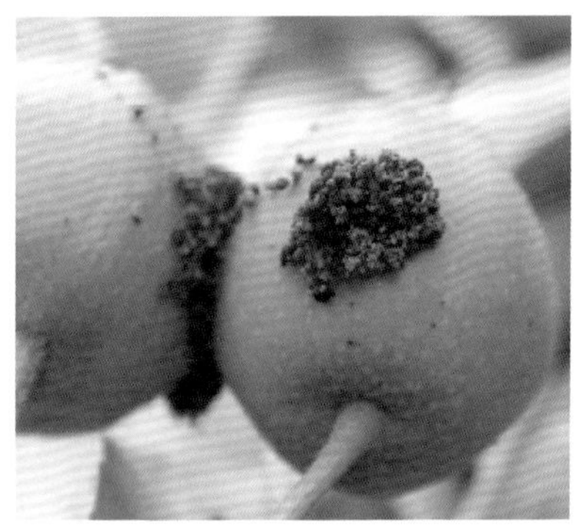

彩图7-22 苹果蠹蛾为害状（二）

彩图7-23 苹果蠹蛾为害状（三）

彩图7-24 苹小卷叶蛾为害叶片状

彩图7-25 苹小卷叶蛾为害果实状

彩图7-26 顶梢卷叶蛾为害状

彩图7-27 金纹细蛾成虫

彩图7-28 金纹细蛾为害叶片状

彩图7-29 美国白蛾成虫

彩图7-30 美国白蛾幼虫

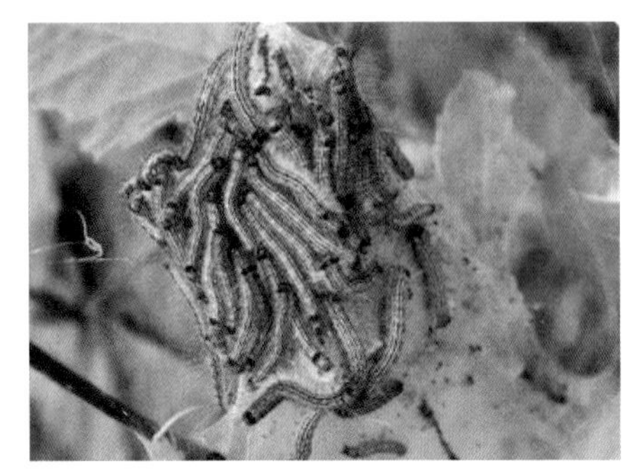

彩图7-31 天幕毛虫幼虫

彩图7-32 铜绿金龟子

彩图7-33 朝鲜黑金龟子

彩图7-34 茶色金龟子

彩图7-35 暗黑金龟子

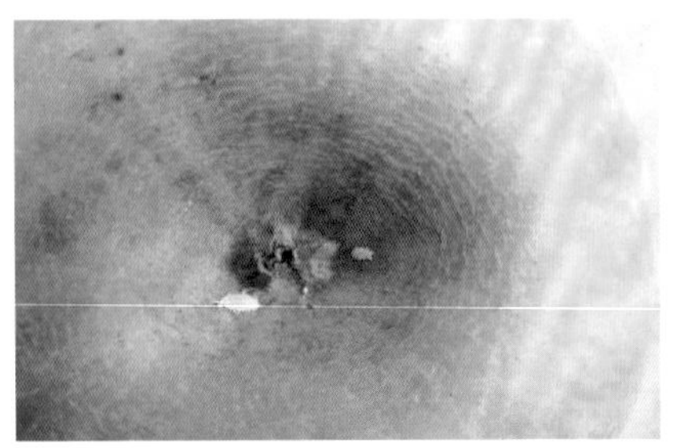

彩图7-38 康氏粉蚧为害状

彩图7-39 梨园蚧为害果实状

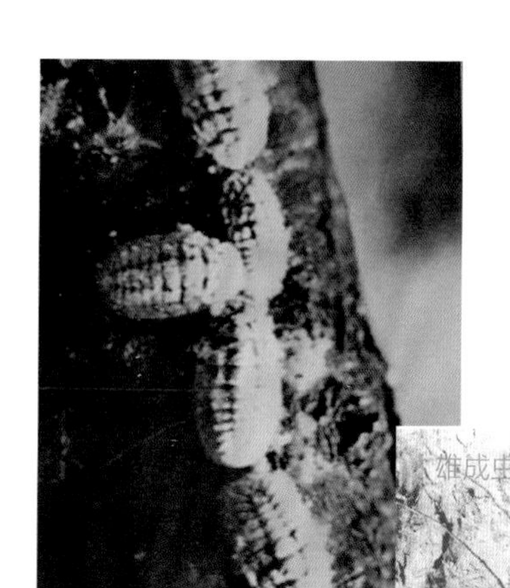

彩图7-40 草履蚧为害状

雄成虫

彩图7-41 桃红颈天牛成虫

彩图7-42 桃红颈天牛幼虫

彩图7-43 桃红颈天牛幼虫为害状

彩图7-44 苹小吉丁虫成虫

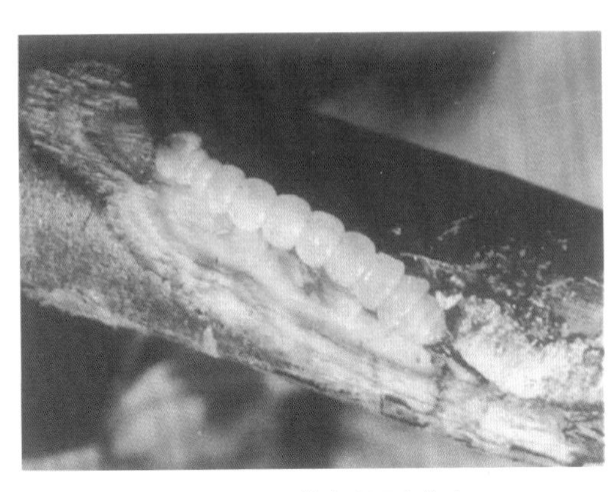

彩图7-45 苹小吉丁虫幼虫

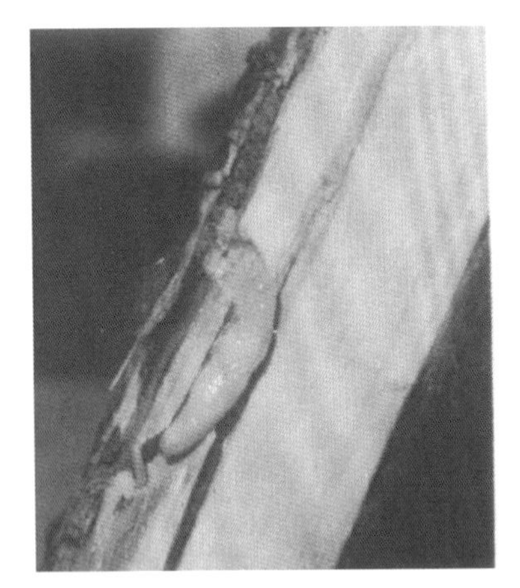

彩图7-46 苹小吉丁虫幼虫为害状

彩图7-47 大青叶蝉成虫

现代苹果生产病虫草害防控

李东平　王田利　鲍敏达　编著

XIANDAI PINGGUO SHENGCHAN
BINGCHONGCAOHAI FANGKONG

化学工业出版社
·北京·

本书用通俗的语言介绍了我国苹果生产中病虫草害防控方面的变化；苹果绿色无公害生产中病虫草害防控的概况；苹果生产中农药使用存在的问题及安全使用常识；苹果生产中优势病虫害的演变；现代苹果生产中病虫草害防控的原则及方法；危害苹果的病害及防治；苹果生产中的主要虫害及防治；危害苹果的草害及防治；苹果生产中的其他有害生物危害及防治；苹果主要病虫害防治指标及化学防治用药的关键时期等内容。

本书适合广大果农、苹果专业合作社、基层农业科技推广工作者、农业院校相关专业师生参考使用。

图书在版编目（CIP）数据

现代苹果生产病虫草害防控/李东平，王田利，鲍敏达编著.—北京：化学工业出版社，2017.11
ISBN 978-7-122-30708-8

Ⅰ.①现… Ⅱ.①李…②王…③鲍… Ⅲ.①苹果-病虫害防治②苹果-除草 Ⅳ.①S436.611

中国版本图书馆CIP数据核字（2017）第240311号

责任编辑：张林爽　　文字编辑：杨欣欣
责任校对：边　涛　　装帧设计：韩　飞

出版发行：化学工业出版社（北京市东城区青年湖南街13号　邮政编码100011）
印　　刷：北京市振南印刷有限责任公司
装　　订：北京国马印刷厂
850mm×1168mm　1/32　印张7½　彩插8　字数196千字　2018年1月北京第1版第1次印刷

购书咨询：010-64518888（传真：010-64519686）　售后服务：010-64518899
网　　址：http://www.cip.com.cn
凡购买本书，如有缺损质量问题，本社销售中心负责调换。

定　　价：**36.00元**

前言

病虫草害是苹果生产中的主要制约因素，科学合理地管控病虫草害是苹果生产优质、高产、高效的根本保障。由于危害苹果的病虫草害具有多样性、长期性，病虫草害管控的理念、目标以及生产中使用的管控措施与时俱进，在时刻发生着变化。而生产中果农老龄化现象日趋严重，果农知识的更替跟不上时代发展的步伐，在病虫草害防控时主观能动性发挥得不够。绝大部分果农将防控的主动权交给农资经销商，病虫草害防控的盲目性较大，跟风用药、打保险药现象较普遍，防治成本过高，效果不理想。为了普及病虫草害防控技术，我们根据陇东病虫草害防控经验，参考全国其他苹果产区的成功防控做法，整理编写了本书，以期对提高苹果病虫草害防控效果，降低防控成本有所帮助。

本书用通俗的语言介绍了我国苹果生产中病虫草害防控方面的变化；苹果绿色无公害生产中病虫草害防控的概况；苹果生产中农药使用存在的问题及安全使用常识；苹果生产中优势病虫害的演变；现代苹果生产中病虫草害防控的原则及方法；危害苹果的病害及防治；苹果生产中的主要虫害及防治；危害苹果的草害及防治；苹果生产中的其他有害生物危害及防治；苹果主要病虫害防治指标及化学防治用药的关键时期等内容。

由于地域不同，危害苹果的主要有害生物种类，发生规律各不相同，各地防控侧重点有较大差异，读者在应用时要紧密联系当地实际，以提高应用效果。

本书适合广大果农、基层科技推广工作者、农业院校相关专业师生参考使用。

本书第一、第二章由王田利编写，第三、第四章由鲍敏达编写，第五章至第十章由李东平编写。王浩、王辉参与了本书的文字录入及校对工作，对成书发挥了一定的作用。

由于我们水平有限，书中的不足之处和论述的不当之处在所难免，欢迎广大读者和专家批评指正！

编著者
2017 年 8 月

目录

第一章

我国苹果生产中病虫草害防控方面的变化

随着社会的发展、科技的进步，在我国苹果生产中病虫草害防控方面发生了巨大变化。认识这种变化，对于搞好防控工作有着重要的现实意义。适应这种变化，才能跟上时代的发展步伐。概括而言，主要变化表现在以下几个方面。

1. 苹果生产观念发生了翻天覆地的变化

20世纪90年代，我国苹果生产供给开始自给有余，宣告我国苹果生产的短缺时代已经结束，以数量为主要生产目标的时代已成为过去。近年来，苹果生产的质量和效益受到空前重视，苹果的食用安全性成为主要生产指标。国家大力倡导进行有机无公害生产，通过基地创建、示范点的建设，引领苹果生产发展新方向，促进生产观念转变。经过近二十年的努力，苹果生产中有机无公害生产的观念已深入人心，各苹果产区主打有机品牌，以提高产区竞争能力，有效促进了有机苹果生产在我国的普及。

2. 从源头治理，生产中禁用高毒高残留农药，低毒低残留农药推广进程加快

我国是苹果生产大国，苹果生产中病虫害种类多。全世界苹果的主要病虫害有430多种，在我国对苹果生产构成威胁、严重影响果品产量和质量的病虫害有30多种，每年防治病虫害所用的农药数量非常庞大。进入21世纪，国家加快了农药生产的产能升级，“关停并转”了许多高毒高残留农药生产厂家，促进农药生产向生物和矿物质农药转型，多次明文规定生产中禁用高毒高残留农药，实行高毒高残留农药限期退出机制，从源头上杜绝高毒高残留农药的生产，有效地控制了农药污染。

3. 构建多层次的防御体系，综合防治能力得到有效提升

随着栽培措施的改进和完善，农业措施、物理措施、生物措施对病虫害的防控效果越来越明显，已成为病虫草害防控的重要途径。生产中以改善果园生态环境，加强栽培管理为基础，优先选用农业和生态调控措施，注意保护天敌，充分利用天敌自然控制，大量应用物理措施控制病虫草害，化学农药的使用量得到有效控制。像薄膜覆盖和果实套袋措施的综合应用，基本上将食心虫的危害消灭，食心虫由过去的主要虫害变为次要虫害，对苹果生产的危害可忽略不计；食蚜蝇、捕食螨的释放，使得蚜虫和螨类的控制效果得到极大好转，蚜虫和螨类的危害明显减少；黑光灯、频振灯在果园中应用后，大量蛾类害虫得到诱杀；性诱剂应用后害虫的交配被严重干扰；粘虫板、诱虫带的应用导致不少害虫被控制，失去行动能力，对苹果生产的危害大大降低，等等。这些措施有效地提高了对病虫草害的防控效果。

4. 苹果生产中农药施用的机械化进程加快，有效提高了防治效果

随着我国综合国力的提升，工业的快速发展，植物保护机械更新换代突飞猛进，由原始的手动喷雾到机载喷雾器、电动喷雾器的转变，再到近年来履带自走式果园专用喷雾机的出现，最新低空低量遥控无人施药机的使用，使得苹果生产中病虫草害的防治效率大幅提升，使得施药更安全、高效、精准，人们心目中的群防群治的预期目标得以很好地实现。

5. 危害苹果的优势病虫发生了很大变化

近年来，由于大量野生砧木资源减少，苹果汁加工业的发展，在苹果苗木培育中苹果籽的用量越来越大，这一现象直接导致了腐

烂病在我国的爆发流行。生产中化学肥料的大量施用，引发的土壤养分失衡现象越来越明显，山东等地锰中毒引发的轮纹病呈现越来越严重趋势。果实套袋在很好地控制食心虫危害的同时，为康氏粉蚧的繁殖营造了良好的理想环境，康氏粉蚧呈现泛滥发展态势。这种种变化，给苹果生产中病虫害防治提出了新命题，生产中要以变应变，要勤于观察，应用新思维，采取新措施，切实将病虫危害控制好，保证苹果生产高效运行。

6. 检疫性病虫呈现快速扩散态势，对苹果生产的危害在加重

随着苹果产业的快速发展，苹果苗木和果品的流通范围在扩大，流动频率更高，为检疫性病虫害的扩散创造了条件。特别是苹果绵蚜和苹果蠹蛾危害范围扩大，对我国苹果生产的潜在危害进一步加大，加强防控迫在眉睫。

7. 农药的科技含量提高，特效农药层出不穷，对病虫的控制效果明显增强

随着科学研究的不断深入，农药产业的快速发展，对病虫防治试验的不断完善，病虫草害防控中科技含量得到有效提升，各种复配制剂农药的应用，极大地提高了防治效果。像生产中广泛使用的愈合剂，在杀菌剂物质中加入胶体物质，在涂抹后能快速在伤口形成一层膜，既可有效杀灭剪锯口周围的病菌，防止伤口感染，又可有效阻止病菌的进入，防止伤口风干，对伤口的保护作用明显增强。各种特效农药的使用，对病虫害的控制效果越来越明显。像在防治腐烂病时用500倍80%戊唑醇涂抹病斑，具有愈合快、复发率低的特点。苦参碱是由中草药经乙醇等有机溶剂提取制成的生物碱，使用后可使害虫神经麻痹，蛋白质凝固堵塞气孔窒息而死。白僵菌是一种真菌杀虫剂，其孢子接触害虫产生芽管，经皮侵入体内长成菌丝，并不断繁殖，使害虫新陈代谢紊乱而死亡。苏云金杆菌能产生内外两种毒素，杀虫以胃毒作用为主，内毒素即伴孢晶体，害虫吞食进入消化道产生败血症而死亡。阿维菌素属神经毒剂，使用后可使害虫麻痹中毒而死亡。茚虫碱通过干扰钠离子通道，阻止钠离子流入神经细胞，导致麻痹而死亡。

8. 苹果生产中使用农药明朗化

经过多年的生产磨合及生产形势的发展，我国苹果生产中病虫草害防控目前定位以使用生物源、矿物源农药和有机合成农药为主，提倡应用低毒、低残留农药，有限制地使用中毒农药，禁止使用剧毒、高毒、高残留农药。

第二章

苹果绿色无公害生产中病虫草害防控的概况

苹果进行绿色无公害生产，是近年来苹果生产发生的重大变化之一，也是苹果发展的重要趋势，是破解绿色堡垒、发展外向型果业的重要措施之一，也是提高食品安全性的关键环节，在生产中越来越受到重视。现就苹果绿色无公害生产中病虫草害控制的现状、存在问题作简单分析，并提出相应的对策。

一、苹果绿色无公害生产中病虫草害控制的现状

1. 苹果生产中的优势病虫草害

根据对我国苹果生产现状的调查，在我国苹果生产中，普遍存在营养欠缺、树势孱弱的现象，加之近年来冻害频繁发生、福美砷的禁止使用，导致腐烂病严重发生。近年来介壳虫春季呈暴发性发生态势，螨类和蚜虫是最主要的害虫。早期落叶病、轮纹病的发生与气候关系密切，降雨早而雨量多有利于发生蔓延。苹果绵蚜、美国白蛾作为新生害虫，危害范围在不断扩大，潜在危害性强，对苹果产业威胁在加大。介壳虫、苹果绵蚜引发的霉污病呈现偏重发生的态势。上述病虫害成为我国苹果生产中的病虫草害的优势种群，也是防控的重点。

2. 病虫草害控制中的成功做法及成效

近年来通过绿色无公害生产技术的普及推广，西北在苹果病虫

草害控制方面进行了多方探索，有的已取得比较理想的效果，主要表现如下。

通过增施有机肥，复壮树势，提高树体的抗性，对多种病虫害的发生、发展有明显的抑制作用，特别是腐烂病的发生得到有效控制，早期落叶病的危害明显减轻。

以清园和秋季耕翻为主要措施的落实，使病虫越冬数量大大减少，为全年的防治打好基础。

以套袋为主的管理措施的推广应用，使果实得到有效保护，食心虫、炭疽病、轮纹病对果实的危害大大减轻，果实品质大幅度提高。

以覆膜为主的栽培措施的落实，使土壤中的越冬害虫的出土量明显减少。

抗生素类药物阿维菌素等的大面积推广应用，使得螨类的发生危害有所降低。

沼气的发展、沼肥的应用，使得蚜虫、螨类危害势头得到控制。随着国家能源项目的实施，沼气建设的快速发展，沼肥在苹果生产中的应用量和应用范围在逐渐增加，对蚜虫、螨类等害虫的杀灭效果在增强。

二、 苹果绿色无公害生产中病虫草害控制存在的问题

1. 对绿色无公害果品生产的重要性认识不足、果品绿色无公害化程度低

由于多年来我国苹果以内销为主，绿色无公害果品的优势没有得到充分体现，生产中没有得到充分重视，目前仍然停留在宣传方面。绿色无公害果品生产范围有限，绿色无公害化生产程度低。这已经成为制约我国苹果生产的主要因素之一，与我国是苹果世界第一生产大国的现状很不相符，使我国苹果出口严重受限。

2. 对绿色无公害果品生产的新技术了解掌握不全面、不细致，应用受到限制

由于绿色无公害生产推行时间短，许多新技术没有得到普及，

科研成果没有用于生产，基层科技推广工作者及广大果农对细节掌握不够全面，仍有许多不明白之处，像性诱剂、糖醋液、黑光灯、粘虫板等的应用十分有限，影响了新技术实施效果。

3. 测报工作滞后，防治的盲目性大

病虫害测报工作是控制有害生物的有效措施之一，目前的现状是测报网络不健全，有的工作长期不能开展。而这项工作果农是没办法开展的。结果是果农防治病虫多凭借经验进行，防治药物不是喷施早就是用得迟，大大影响了防治效果。

4. 进行绿色无公害果品生产，控制病虫草害的成本增加，限制了大面积推广

绿色无公害生产的一个重要标志是对化学物质的限制使用，化肥、农药、激素用量大幅度减少，它们的功能要采用多种措施补充：化肥用量减少要通过增加有机肥的使用量来补充；农药用量的减少要通过农业、物理、生物多项措施补充；激素的禁用，使田间农业用工量成倍增加。这种种因素导致生产成本增加，而果业是国家投资的弱项，群众又不愿投资，限制了绿色无公害生产的大面积推广。

三、加强绿色无公害苹果生产病虫草害防控的措施

1. 提高对发展绿色无公害苹果生产的认识

绿色、安全、营养是苹果发展的总趋势，苹果生产应顺应这种潮流。就我国目前苹果生产现状而言，国内市场已高度饱和，外向型销售是苹果发展的必由之路。而苹果要外销有两个硬指标：一是品质要过关；二是食品要安全。进口国从保护本国人民的健康和本国苹果产业出发，多设有较高的门槛，即绿色堡垒，限制进口。我国苹果要出口，就一定要突破绿色堡垒，生产一定要高标准，严要求，提升果品档次。只有生产出精品果，才能进入高端市场，提高苹果生产的效益。生产中应把绿色无公害苹果的生产作为精品果生

产的突破口，着力抓好。

2. 制定详细的规程，加快绿色无公害苹果生产病虫草害防控新技术的普及

各地应结合本地实际，突出重点，制定详细的操作规程。性诱剂、黑光灯、糖醋液、粘虫板、粘虫带等新技术使用方法要翔实，以提高实用性，使广大果农一看就会，一用就灵。这样才能迅速普及绿色无公害苹果生产技术，提高绿色无公害苹果生产水平。

3. 示范先行，典型带动，强化绿色无公害苹果生产措施的落实

绿色无公害苹果生产使得产品的档次明显提高。生产中应选择基础好、认识水平高、接受新事物快的果农进行试验示范。树立典型，通过典型户、典型村社、典型乡镇，使生产基地逐步形成；通过果品产量、质量、效益的对比，引导果品生产及时向绿色无公害方向转型。

4. 全力抓好市场建设，提高商品化程度，充分发挥市场导向作用

市场经济时代，苹果产业的发展要顺应市场销售规律，只有适销对路，产得出、销得快、售价好，才能刺激广大种植者的积极性，加快绿色无公害生产进程。因而要全力抓好市场建设，确定目标市场，采取多种措施将绿色无公害苹果打入高端市场，实现优质优价销售战略，提高产业整体效益，充分发挥绿色无公害生产的优越性。

5. 降低病虫草害防控成本，加快绿色无公害生产进程

绿色无公害生产的一个重要特征是生产中主要采用农业、物理、生物的方法控制病虫危害，生产中应正确应用各种化学防治措施，提高防治效果，以降低田间化学药物用量和次数，有效降低病虫草害防控成本，为绿色无公害生产的大面积普及创造条件。

6. 适期科学用药，提高控制效果

在综合抓好上述农业、生物、物理控制的同时，应重点抓好以下关键时期的用药，切实控制危害。

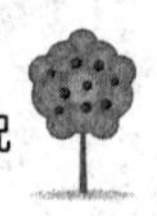

① 萌芽前1周左右喷一遍3～5波美度石硫合剂，进行清园，控制田间病虫数量，降低病虫基数，为全年防治打好基础。

② 花后1周左右喷1.8%齐螨素5000倍液+3%多抗霉素500倍液+800倍的氨基酸液肥，防治螨类、霉心病等。

③ 6月上旬套袋前喷1次大生M-45 800倍液+1.8%齐螨素5000倍液+10%吡虫啉3000倍液+800倍氨钙宝预防炭疽病、轮纹病、褐斑病、苦痘病、螨类、蚜虫等。

④ 套袋后，重点是保护叶片，可在麦收前后喷2000倍的甲氰菊酯+1.8%齐螨素5000倍液+70%甲基托布津1000倍液，防治食心虫、螨类、早期落叶病等。

第三章

苹果生产中农药使用存在的问题及安全使用常识

第一节 苹果生产中农药使用存在的问题

农药安全使用已是果树安全生产的重要保障，不正确的农药应用已成为果树生产不容忽视的主要问题之一。在静宁果区，每年均会发生数起乃至数十起药害事件，对果树的正常生长结果造成严重影响，给果农造成很大经济损失，引发果农和农药经销商间的严重纠纷，导致果农上访，产生社会不安定因素。根据近年来调查药害现象，笔者梳理归类，产生药害的原因主要有以下几种。

一、 使用不合格农药

个别农资经销商受利益驱使不负责任，经营“三证”不全产品，导致坑农害农事件时有发生。果农农药知识欠缺，对农资的辨认识别水平低，病虫害防治中跟风现象明显，使用不合格农药后，给自己造成很大损失。

二、 农药的非正确使用

这在生产中表现相当普遍，主要表现在以下几个方面。

① 防治对象不明确，农药特性不清楚，乱用药现象较普遍，

既易造成药害，又会导致生产成本大幅度提高。目前在苹果生产中，果农由于病虫害防治知识不足，不能按照自己果园的病虫发生实际情况喷用农药，将农药应用的权利全部交给农药经销商。一进农药店，店主说了算，有相当的农药经销商对农药特性也不太明确，胡乱配方，结果是：果农花了钱，富了农药店，药害常出现，病虫踪可见。

② 不能适时用药，影响防治效果。果树生产中盲目用药现象是生产中最普遍的现象之一。许多果农不考虑病虫危害损失与防治费用之间的比率关系，不能按照防治指标打药，不能在防治的临界期用药，大多存在跟风现象，打“保险药”和“安全药”的现象十分普遍。看别人喷药我行动，影响防治效果，增加生产成本。

③ 用药对天气状况考虑较少，导致浓度不适，出现药害或影响防效。严格地说，天气状况不同，农药的应用浓度也应不同。一般农药说明书上均有一个范围，如800～1000倍，在低温天气，可使用高浓度喷；在高温天气则应加大稀释倍数，用较低浓度喷用才比较安全。对此，生产中多有忽视，高温天气喷用高浓度农药是出现药害的重要原因之一。另外对天气预报关注不够，如喷药后就降雨，影响防效，增加生产成本，也是生产中较常见现象之一。

④ 配比过大。客观地说，目前的市售农药有效成分普遍偏低，导致果农在农药的应用中随意扩大配比，这是出现药害的主要原因之一。另外多种农药叠加混用，导致农药用量较大，配比普遍偏高，极易出现药害。据调查，有时一桶药配制农药多达7～8种，配制4～5种的很普遍。

⑤ 农药长期使用，病虫抗性增加，严重影响防治效果。

⑥ 药剂使用间隔期不合理，食用安全没有保障。特别是最后一次用药离采收期较近，导致果实中农药残留量过大的问题十分突出。

⑦ 农药、除草剂混存引发药害。有的果农将未用完的农药、除草剂混存于一处，应用时粗心，误用除草剂，导致果树叶片干枯，树势衰弱，造成不应有的损失。

⑧ 农药之间、药肥之间混用不当，特别是酸性农药与碱性农药或化肥之间混用，轻者导致药效消失，重的会出理药害。

第二节 安全用药常识

根据以上原因，笔者认为，广大果农应多掌握农药知识，提高农药应用水平，以确保农药安全应用，促使果业健康发展。在农药应用时，应注意以下要点。

一、坚持绿色、无公害防治，禁止高毒、高残留农药的施用

果园应用农药应以低毒、低残留、污染程度轻的农药为主，应重点推广生物源和矿物源农药。其中苹果园中允许使用的农药主要包括1%阿维菌素乳油、0.3%苦参碱水剂、10%吡虫啉可湿性粉剂、25%灭幼脲3号悬浮剂、50%辛脲乳油、50%蛾螨灵乳油、20%杀蛉脲悬浮剂、50%马拉硫磷乳油、5%尼索朗乳油、20%螨死净胶悬剂、15%哒螨灵乳油、40%蚜灭多乳油、苏云金杆菌可湿性粉剂、10%烟碱乳油、25%扑虱灵可湿性粉剂等杀虫杀螨剂，5%菌毒清水剂、腐必清乳剂（涂剂）、2%农抗120水剂、80%喷克可湿性粉剂、80%大生M-45可湿性粉剂、70%甲基托布津可湿性粉剂、50%多菌灵可湿性粉剂、40%福星乳油、1%中生菌素水剂、27%铜高悬浮剂、石灰倍量式或多量式波尔多液、50%扑海因可湿性粉剂、硫酸铜、15%粉锈宁乳油、50%硫胶悬剂、石硫合剂、843康复剂、68.5%多氧霉素、75%百菌清等杀菌剂。苹果生产中限制使用的农药主要包括毒性中等、对天敌杀伤力大的有机磷类杀虫剂（如乐果、敌敌畏、敌百虫、抗蚜威、乐斯本、杀螟硫磷、辛硫磷等），对天敌杀伤力大、易产生抗药性的菊酯类杀虫剂（如功夫、灭扫利、敌杀死、杀灭菊酯、氯氰菊酯等）。苹果生产中禁止使用的农药包括甲拌磷、乙拌磷、久效磷、对硫磷、甲胺磷、甲基对硫磷、甲基乙硫磷、氧化乐果、磷胺、克百威、涕灭威、杀虫脒、三氯杀螨醇、克螨特、滴滴涕、六六六、林丹、氟化钠、氟

酰胺、福美砷及其他砷制剂等。苹果生产中对农药进行适应性划分，促使有害生物防控朝着简便化方向发展，可极大程度地克服盲目用药，对提高防治效果和保证苹果食用安全性都有很好的促进作用。

二、 使用合格农药

随着我国农药工业的迅速发展，各种农药大量生产上市，农药质量参差不齐，正确鉴别农药是合理使用农药的基础。

1. 农药形态

通常粉剂农药应为疏松粉末，颜色均匀，无结块。粉剂或可湿性粉剂，如形成团状或块状，手捏能成团，原来的颜色变化或消失，均可能变质失效。乳油农药应为均相液体，无沉淀或悬浮物。将农药摇匀，静置1小时左右，如果出现油水分离、分层、浑浊不清，悬浮絮状或粒状物，沉淀颜色上浅下深等情况，说明该农药失效或可能无效。悬浮剂农药应为流动的悬浮液体，无结块，长期存放可能有少量的分层现象，但摇匀后应能恢复原状。熏蒸用的片剂如呈粉末状，表示已经失效。水剂应为无色液体，无沉淀物和悬浮物，加水稀释后一般也不出现浑浊沉淀。颗粒剂产品应粗细均匀，不含许多粉末。

2. 理化性状

（1）可湿性粉剂　可用水测法、搅拌法、加热法进行检查。

① 水测法：先取约200毫升清水，再取1克需检测的农药，将农药轻轻地、均匀地撒在水面上，如果在1分钟内湿润并能溶于水的是未失效农药，如果很快发生沉淀，液面出现半透明状，说明该农药已经失效。

② 搅拌法：取需检测的农药40～50克，放在玻璃容器内，先加少量水调成糊状，再加150～250毫升清水，搅匀，静置10分钟后观察，未失效的农药溶解性好，药液中悬浮的粉粒细小，而失效的农药粉粒沉淀快且多。

③ 加热法：取需检测的农药5～10克，放在金属片上加热，如果产生大量白烟，并有浓烈的刺鼻气味，说明药剂良好，反之，

则已失效。

（2）乳油

① 振荡法：农药瓶内出现分层现象，上层浮油下层沉淀，可用力摇动药瓶，使农药均匀。静置1小时，若还有分层，证明农药变质失效。若分层消失，说明没有失效。

② 加热法：如发现农药有沉淀、分层絮结现象，可把有沉淀的农药连瓶一起放在50～60℃温水中，经过1小时，若沉淀物慢慢溶解，说明农药没有失效，若沉淀物很难溶解或不溶解，说明该药剂已经失效。

③ 稀释法：取需检测农药50毫升，放在空玻璃瓶中，加水150毫升，用力振荡后静置30分钟，如果药液呈现均匀的乳白色，且上面无浮油，下面无沉淀，说明该药剂良好，否则为失效农药。

3. 从农药标签及包装外观上识别

一般正品农药外包装，杀虫剂应有一红横道、杀菌剂应有一黑横道、除草剂应有一绿横道，正品农药均应有农业部的批号。一般合格农药均有农药登记证、生产许可证、质量标准和产量标准合格证。凡包装或者附件说明书上以上三证齐全的，为合格农药，可放心大胆使用，缺失者则是有问题农药，要慎用或不用。

《中华人民共和国农药管理条例》对农药标签有严格的要求，规定农药标签上应注明：产品名称、农药登记证号、生产许可证号或生产许可证书，农药的有效成分含量、重量、产品性能、毒性、用途、使用方法、生产日期、有效期、注意事项，生产企业名称、地址、邮政编码。农药分装的，还应注明分装单位。缺少上述任何一项内容，则应对产品质量提出质疑。

产品包装应完整，不能有破损和泄露，每个农药产品的包装箱内都应附有产品出厂检验合格证。在购买农药时要查看农药有无产品出厂合格证，以确定所购产品质量。

三、 确定主要防治对象，使防治工作有的放矢

果园地理位置不同，病虫草害发生程度不一，危害轻重也不

同。要将对生产危害最重、影响较大的病虫害确定为主要防治对象加以防治，而发生轻、对产量质量和树势影响较小的病虫害可忽略，通过自然界生态平衡自行调节。这样不但使防治工作目标明确，而且可有效减少果园生产成本。像食心虫在百果产卵率达0.5％～1％的情况下，螨类平均每叶达7～8头时，轮纹病叶率在10％以上时为适宜防治期，小于该值则可减少用药次数、用药量，防止药害的出现，降低生产成本。

四、 辨明农药防治对象和作用机理

应用农药前，弄清每种农药的防治对象和作用机理，这是保证安全用药的重要措施。农药不同，性质各异，既有杀菌、杀虫范围广的广谱性药剂，又有针对某种虫态、菌类的专一性药剂。如硫制剂为广谱性农药，特别是无机硫制剂虫菌兼治；而杀螨剂中的螨死净杀卵特效，克螨特不杀卵，表现高度专一。只有清楚地知道每种农药的防治对象，才可提高防效，避免做无用功，导致费工耗钱不讨好。

杀虫剂对害虫的防治主要表现在胃毒、触杀、神经麻痹、干扰、规避等方面。一般食量大、群体密集的害虫可喷用胃毒剂杀灭；对体壁柔嫩、农药易渗入体内的害虫可通过触杀消灭；对体壳坚硬的昆虫可用神经麻痹的方法，阻碍神经传导，切断呼吸链消灭，等等。

杀菌剂对病害的防治主要表现在三个方面：一是喷用后，防止或减少病菌的侵染，不致成害；二是杀灭已侵染的病菌，保证植株健壮正常生长；三是喷用后，能抑制病菌的继续生长，控制病害的发生。

对此在施药前应心里明了。

五、 农药的正确使用是提高防效的关键

1. 农药使用的注意事项

① 按农药使用说明配制，注意农药之间合理混用，以减少用

工，提高防效。多种农药混用，省工节约成本，还可防止防治对象产生抗药性。混用时应注意：混用后失效者不能混用，混用后毒性增强者不能混用。应随混随用。一般杀螨剂与杀虫剂可混合使用；内吸剂与触杀剂可混合使用；杀菌剂与杀虫剂可混合使用。杀菌剂中保护性杀菌剂和内吸性杀菌剂之间，杀虫剂中拟菊酯类农药与其他农药之间要注意交替使用，以提高防治效果。如有机合成农药与无机农药或生物农药交替使用，同一类型不同品种的农药的交替使用。这样病虫抗药性就会得到有效抑制。要防止酸碱性药混用，控制用药种类，避免过多药剂同时应用，防止出现叠加配比过大。

② 生产中应少用或不用病虫已产生抗性的农药。由于某些农药长期施用，病虫对农药的抗性增加，杀伤力有限。如蚜虫、螨类对菊酯类农药、乐果、氧化乐果产生了抗性，斑点落叶病病菌对甲基托布津、多菌灵、三唑酮等产生了抗性，喷药后防效甚微或无效。

③ 在防效范围内应尽量使用低浓度农药防治。病虫产生抗药性既与农药使用时间长短有关，又与农药使用浓度有关。一般一种农药使用时间越长，使用浓度越高，产生抗药性越快，反之则慢。因而应注意从低浓度起使用，以延长农药的使用有效时间。

④ 农药喷洒要均匀，喷药不均，一些耐药性强的病虫就会存活下来，一代代繁殖形成较大的抗药种群，使农药防效降低。

⑤ 应用有效期内的农药，提高防治效果。各种农药均在一定时限范围内有效，随着出厂时间的延长，其对病虫的杀伤程度逐渐降低直至无效。因而在喷药时要认真看药品的出厂日期及有效时限，防止应用过期农药，影响防效。

⑥ 合理选择农药的剂型，提高防效。农药的剂型不同，防效是不一样的。一般来说，乳油的效力高于悬浮剂，悬浮剂高于可湿性粉剂。在同等条件下应优先选用乳油剂，悬浮剂作为乳油的替换剂型，药效虽次于乳油剂，但显著高于可湿性粉剂。

⑦ 合理使用石硫合剂和波尔多液等传统农药。石硫合剂和波尔多液是生产中应用时间长、防治效果好的农药。经长期生产实践

证明，正确应用对病虫控制效果理想。但在使用时应注意：石硫合剂在使用时应随配制随应用，配制后久置不用会降低药效。在苹果生产中以休眠期应用为主，花期使用不当，会导致落花，在果实着色期使用会导致落果、污染果面。在使用时应严格掌握浓度：一般冬春季气温低，苹果树处于休眠状态，使用浓度可大；花后气温渐高，苹果树处于旺盛生长期，使用浓度宜低。石硫合剂不可与有机磷农药及其他忌碱性农药混用，否则酸碱混合，药效降低或失效，就达不到防治效果。石硫合剂也不宜和碱性的波尔多液混用，二者混用会发生化学反应，降低药效，发生药害。二者使用间隔期应在20天以上。应与其他农药交替使用。

波尔多液不可与石硫合剂、有机砷杀菌剂、有机硫杀菌剂、有机磷杀菌剂混用。由于苹果树对铜离子和石灰不太敏感，可选用倍量式和多量式配比。但是花后1个月内苹果幼果对铜离子敏感，施用后易产生果锈、裂纹，影响果实外观，因此在幼果期不可施用。

⑧ 喷药间隔期应适当，防止病虫危害失控。一般杀菌剂的持效期为7天左右，杀虫剂的持效期为15天左右，因而在田间用药时，两次用药的间隔期不可过长，防止因喷药间隔期拉得过长，导致病虫危害失控给生产造成大的损失。一般杀菌剂应每7天左右喷1次，杀虫剂应每15天左右喷1次，喷药时应视天气、病虫发生情况灵活掌握。

⑨ 严格掌握最后一次用药时间，确保果品食用的安全性。最后一次用药决定果实中农药残留量的多少，对品质影响较大，应严格控制最后一次用药时间。最后一次用药应在采前20天以前喷用，以保证果实中农药无残留或少残留、不超标。

⑩ 注意适期用药，降低成本，提高防效。在果园进行病虫害防治时应充分利用生物措施，抑制病虫的发生，坚持适期用药，减少农药不必要的损耗，以降低生产成本。自然界生态处于此消彼长状态，一个物种不可能被全部彻底消灭干净，只要不给生产造成危害，对果品产量质量的危害程度在许可范围内，就不必惊慌、急于用药，为有益生物提供一定的食源，以保持生态平衡。

病虫不同，发生的主要时期各异，要在关键时期用药。如腐烂病，全年在3月下旬至4月萌芽至开花期及6月底皮层形成期是腐烂病侵染的两个高峰期，为防治的关键时间；霉心病、缩果病控治的关键时间在盛花期；轮纹病、炭疽病在落花后10～20天开始侵染，但必须日平均气温在15℃以上，并有10毫米以上的降水，才能够完成侵染，如果气温低，空气干燥，则会推迟侵染时间，因而落花后第一场降水的出现为控制轮纹病、炭疽病喷药的最佳时期；白粉病仅危害枝梢的幼嫩部分，但在上年发生重的果园，应在花前展叶期及时喷药控制；卷叶虫防治的适期则应在花后卷叶时，用糖醋液诱捕到越冬成虫出现后第4天（成虫盛末期）。

⑪ 喷药作业时密切注意天气状况。天气状况直接影响田间优势病虫种类、危害在田间出现的迟早及危害程度的轻重。如花期低温多雨时，极易发生霉心病危害；随着气温升高，红蜘蛛发育速度加快，一般年份在麦收后，群体数量急剧增加，形成危害高峰期；绵蚜一般在6月出现危害高峰期，7～8月天气炎热多雨，田间绵蚜急剧减少，到9月气温又适宜时绵蚜数量又会逐渐增加，等等。生产中应根据天气变化情况和病虫田间发生情况，合理控制喷药间隔期，以提高防控效果。

用药时掌握雨前不用药，确保喷药后24小时内没有降水，若喷药后24小时内出现降水，则应重新喷药。在一天中，喷药时要注意避露、避高温，有露天气喷药时应在早晨露水干后进行，下午1～3时高温期尽量不要进行田间喷药作业。在一年中，春季到初夏及秋季，喷药浓度可高点，取产品说明书中稀释的上限喷用；夏季高温季节喷药浓度不宜高，应取产品说明书中稀释的下限喷用。

⑫ 做好除草剂的保管和使用，防止出现除草剂药害。对于生产中用不完的除草剂，要与农药分开放置，防止混杂，出现误喷现象。喷用过除草剂的喷雾器，在果树上应用时，要认真清洗，确保用药安全。

2. 苹果花果期用药注意事项

苹果花期和幼果期是药物敏感期，用药讲究，应注意科学

用药。

（1）要注意区别防治对象，对症用药　从4月中下旬花露红到6月幼果脱毛前，是枝干轮纹病、干腐、白粉等病害及螨类、康氏粉蚧、桃小食心虫、金龟子等多种害虫严重发生期，在田间应细致观察，以确定防治对象，对症用药，提高防治效果。轮纹、干腐病用菌毒清防治，白粉病用粉锈宁防治，炭疽病用大生M-45、多菌灵、苯菌灵等防治，螨类用克螨灵防治，康氏粉蚧、金龟子等用吡虫啉防治。

（2）要适量用药　苹果花期和幼果期对药物敏感，药量控制不当，既有可能因用药量过大造成药害，又有可能会因药量过少而致无效。因此，一定要适量用药，以达到理想的防治效果。在花露红时喷石硫合剂。石硫合剂用药量要足，要达到枝条变色的程度，对控制全年的病虫效果较理想。杀虫杀菌剂要严格按说明书施药，在花开放时要尽量少用药，防止毒杀蜂类等授粉昆虫，避免用高毒高刺激性农药。

（3）要适期用药，提高防效　多种病虫要在危害的初期及病菌、虫体对药物敏感期用药，可达到最佳的控制效果。如花后10～15天是棉铃虫、康氏粉蚧的防治关键时期，桃小食心虫出土上树时为防治关键时期，要及时用药，千万不可错过机会。

（4）选择性用药，减少副作用　在落花后到6月落果前要选择用药，防止果面被污染，出现锈斑、皱皮、小黑点现象。此期应忌锌、铁及尿素等叶面肥，不宜使用有机磷及铜制剂，多选用粉剂或水剂农药，减少对果面的刺激。

（5）及时补钙　钙与果实品质的关系很密切，钙足则果脆，缺钙则易发生苦痘病、皮孔小裂，因而补钙是提高品质的有效措施之一。由于钙没有移动性，故主要通过喷叶补充。喷时有严格的时间要求，一般以幼果期为主，应在谢花后开始到6月套袋前分3～4次喷施补充。喷施应以喷果为主。

（6）喷药要密切关注天气状况　杀菌剂在雨前喷药是防治的关键，雨前喷可控制病菌的扩散。在用药上，雨前应以喷保护性杀菌剂为主，雨后喷内吸性杀菌剂，保护与防治相结合，控制危害。在喷药后24小时内遇雨应重喷。

3. 雨季用药注意事项

（1）据天气变化灵活喷药　生产中注意做到刮风天不喷药，下雨天不喷药，高温天不喷药，有雾天不喷药，树上有露水时不喷药，尽量将喷药时间安排在早上9时以前和下午4时以后无风无雨的良好时段。

（2）对症用药　7～9月是各种病虫暴发危害盛期，也是高温多雨季节，在农药选择上既要与病虫害对症，又要耐雨水冲洗。如世高、易保、波尔多液、甲基硫菌灵、多菌灵、润果等药物，速效性好，内吸渗透传导快，耐雨水冲洗。

（3）注意喷药质量

① 科学稀释农药：应先用少量水将农药稀释成母液，再将配制好的母液倒入准备好的清水中搅拌均匀。

② 一定要按照农药使用说明的有效浓度范围和最低有效剂量施用，不可粗估，不可随意增减使用倍数。

③ 喷药过程要均匀一致，不重喷，不漏喷，确保每一枝干、叶片正反面、树冠内外上下全面着药。

④ 多雨时段缩短用药时间，注意交替用药。

⑤ 喷雾器垫片要勤更换，以使雾滴细小，雾化良好，节省药水。

（4）使用一些辅助剂增效　在药液中加入一定量的展着剂或增效剂，如柔水通、食用醋、中性洗衣粉等，不但能使药效大增，而且用量可减少，喷药后遇雨也不影响药效，无需补喷。

第三节　现代苹果生产中常见农药的分类

苹果生产中的常见农药可分为杀菌剂和杀虫剂两大类。

一、常见杀菌剂

1. 按照杀菌作用机理分

根据作用机理杀菌剂可分为铲除性杀菌剂、保护性杀菌剂和治

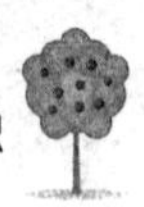

疗性杀菌剂三类。

（1）铲除性杀菌剂　对病原菌有直接杀伤作用的药剂。可通过熏蒸、渗透或直接触杀杀死病原体而消除其危害。这类药剂一般只用于植物休眠期或用于种子处理。苹果生产中常用的有石硫合剂（兼具保护性）和过氧乙酸类药剂。过氧乙酸主要用于防治腐烂病和杀灭枝干上越冬的轮纹病、炭疽病病菌。在使用过氧乙酸类药剂时要严格按各成药（百菌敌、9281强壮素、菌杀特、康菌灵等）的规定浓度使用，切忌用原液涂抹病斑。如用原液涂病斑会严重烧伤周边形成层，导致伤口难以愈合，引起腐烂病的再发生。

（2）保护性杀菌剂　指在病原菌侵染前给苹果树表面喷用，在树体表面形成一层药膜，阻止病菌侵染，以保护苹果树体不受病原菌侵染的杀菌剂。常见的有代森锰锌类和矿物源类两大类。如异菌脲、腐霉利、代森锰锌、三唑酮、氟硅唑、腈菌唑、咪鲜胺、硫制剂（石硫合剂、多硫化钡）、铜制剂（绿乳铜、绿保得、波尔多液）等。

（3）治疗性杀菌剂　在苹果植株感病以后，可用一些非内吸杀菌剂直接杀死病菌，或用具有内渗作用的杀菌剂渗入到植物组织内部杀死病菌，或用内吸杀菌剂直接进入植物体内，随着植物体液运输传导而起治疗作用。包括农用抗生素和有机杂环类制剂。如细菌角斑净、速克灵、瑞毒霉、多菌灵、甲基托布津、扑海因、醚菌酯、嘧菌酯、百菌清、农用链霉素、多抗霉素等。

2. 按照主要成分分

（1）抗生素类　是微生物分泌的一种或几种代谢产物，能抑制病菌继续生长。现人工也可合成，效力比自然界存在的更大。代表品种有农抗120、多氧霉素、氯霉素、链霉素、土霉素等。农用抗生素为生物制剂，在使用时应注意：生物制剂多为缓效剂，施用时间上要比化学农药提前数日；生物农药的作用效果与环境的湿度有很大的关系，一般随着湿度的增加，其防治效果明显提高，因而抗生素在使用时与化学农药不同，应在有雾时喷用，以提高防治效果；紫外线对生物农药的活性物质有致命的杀伤作用，因此应在一天中的上午10时以前和下午4时后紫外线较弱时施用或阴天喷用。

（2）无机硫制剂　代表品种有硫黄悬浮剂、石硫合剂等。虫菌兼治，无污染。

（3）有机硫制剂　广谱、低毒、保护性杀菌、杀螨，用于病害早期防治。代表品种有代森锌、代森锰锌、大生M-45等。

（4）有机杂环类制剂　高效强内吸，在植物体内可传导，药效较长。代表品种有世高、三唑酮、噻菌灵、多菌灵、甲基硫菌灵（甲基托布津）、速保利（烯唑醇）等。

（5）取代苯类杀菌剂　内吸性强，一般用于根施或种子包衣。主治根腐、干腐、疫腐病。代表品种有五氯硝基苯、达科宁等。

（6）其他杀菌剂

① 高脂膜：喷后在植物表面形成肉眼看不见的一层膜，对苹果起保护作用。5月下旬至7月中旬每15天喷1次100～300倍液，共喷4次，可防炭疽病和轮纹病；8月下旬喷150倍液可防裂果；用100～400倍液高脂膜加万分之三的防落素洗果，有很好的防腐保鲜作用。

② 843康复剂：主治腐烂病。

二、常见杀虫剂

1. 有机磷类杀虫剂

杀虫机理是抑制胆碱酶活性使害虫中毒。由于易造成农药残留、害虫产生抗性、致果锈及伤害天敌等缺陷已逐渐被淘汰。

2. 有机氯类杀虫剂

属剧毒和高毒农药，已于1983年停止生产，禁止在苹果生产中使用。

3. 氨基甲酸酯类杀虫剂

触杀、胃毒、内吸渗透性较强。药效短，击倒快。剧毒和高毒的品种已禁用，中低毒的抗蚜威、安克力、好年冬生产中仍有应用，以茎叶喷雾为主，杀虫谱广，持效期长，对果品安全。

4. 沙蚕毒素类杀虫剂

中等毒性，代表品种有杀螟丹、杀虫双、杀虫单等。杀虫谱较广，作用方式包括触杀、胃毒、内吸和熏蒸，并表现明显的拒食作用。当害虫接触或取食药剂后，虫体很快呆滞不动，失去再取食的能力，虫体逐渐软化、瘫痪，但死亡比较缓慢。

5. 拟除虫菊酯类杀虫剂

包括速灭杀丁、来福灵、敌杀死、安绿宝、快杀敌、高效顺、绿色功夫、天王星、灭扫利等。是广谱、高效、低毒农药，对果品安全，但连续使用易产生抗药性。应尽量使用新成分，与其他农药混配或间隔轮换使用，同一种药年使用以不超过 3 次为宜。

6. 特异性昆虫生长调节剂

是 20 世纪 70 年代开始开发的新型杀虫剂，也是目前苹果生产中应用的主要杀虫剂类型之一。其杀虫作用机理是通过抑制甲壳素在昆虫体内的生物合成导致昆虫不能正常蜕皮而死亡。对害虫幼虫主要为胃毒作用，触杀作用很小，兼有杀卵作用。对成虫无杀伤力，但有不育作用。选择性高，对人畜毒性很低，也无慢性毒性问题，对天敌和鱼虾等水生动物杀伤作用小，对蜜蜂安全。杀虫谱广，在动植物体内及土壤和水中易分解，因此在果品中残留量很低，对环境无污染。生产中应用的品种主要有灭幼脲 3 号、灭幼脲 1 号、杀铃脲、氟苯脲、氟铃脲、氟虫脲、噻嗪酮等。

7. 生物源杀虫剂

是绿色无公害苹果生产中应用的主要农药种类之一，生产中应用的主要有苏云金杆菌、浏阳霉素、白僵菌、烟碱、茴蒿素、苦楝油、鱼藤酮、阿维菌素等。易产生抗性。生产中应注意混配或轮换交替使用，以克服抗性，提高防效。

8. 其他合成杀虫剂

（1）吡虫啉　具胃毒和触杀作用，干扰害虫的运动神经系统，持效期长，对人畜、天敌、有益昆虫毒性低，对环境安全。主要用于防治刺吸式口器害虫，如蚜虫、木虱、叶蝉、蓟马等，对象甲、潜叶蛾等也有效，但不杀螨。

（2）啶虫脒　具触杀和胃毒作用，对植物叶面有较强渗透作用，杀虫速度快，持效期 20 天左右。适用于防治半翅目害虫椿象、同翅目蚜虫以及地下害虫。

（3）丁醚脲　硫脲类杀虫杀螨剂，对害虫具有熏蒸和内吸作用，在晴天施药效果好，持效期长，对人畜低毒，对鱼高毒，对蜜蜂有毒。杀虫谱较广，可防治多种同翅目、鳞翅目害虫及螨类。

（4）松脂酸钠　强碱性，对害虫有强烈的触杀作用，黏着性和渗透性也很强，能腐蚀害虫的体壁，尤其对介壳虫体表的蜡质层有很强的腐蚀作用。对人畜安全。适用于防治介壳虫、红蜘蛛、蚜虫等。应用时避免与酸性农药混用。

第四节　现代绿色苹果生产中常用农药介绍

一、 杀菌剂

1. 龙灯福连

是 80％唑醇＋22％多菌灵的复配制剂。是一种新型悬浮剂，颗粒微细，性能稳定，黏着性好，渗透性强，耐雨水冲刷，使用安全，具有保护、治疗和铲除多种作用。因其具有双重杀菌机制，病菌极难产生抗药性，可连续多次使用。

在苹果生产中的应用如下。

① 休眠期喷施 400～600 倍液，铲除枝干轮纹病、腐烂病、干腐病病菌。

② 刮除腐烂病斑后，涂抹 50～100 倍液，杀灭残余病菌，保护伤口，促进伤口愈合。

③ 开花前后喷施 1000～1500 倍液，防治锈病、白粉病。

④ 盛花期至盛花末期喷 800～1000 倍液，防治霉心病。

⑤ 落花后至套袋前或幼果期喷施 1000～1200 倍液，防治烂果病、炭疽病、斑点病、锈病和白粉病等。

⑥ 套袋后或果实膨大期，喷 1000～1200 倍液，防治早期落叶病。

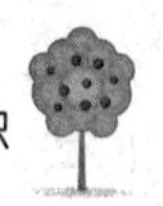

⑦ 在6～7月枝干涂抹1次100～200倍液，杀灭枝干上的腐烂病菌。腐烂病发生严重的果区，在果实采收后再涂1次，对预防腐烂病非常重要。

2. 金力士（丙环唑）

为新型三唑类杀菌剂，具有广谱、高效、见效快、药效期长、渗透力强、黏着性好、双向传导作用强、杀菌机理独特、杀菌彻底、增产明显、使用安全的特点。

在苹果生产中的应用如下。

① 防治白粉病：花序分离期全园喷1次5000～6000倍液；春梢封顶期（即落花后）用6000～8000倍液连续喷2次，间隔期7～10天。

② 防锈病：开花前用6000倍液喷施转主寄主（松柏等），防止病菌侵染果树。花前及发病初期，每7～10天喷1次6000～7000倍液，连续喷2～3次，控制病害的发生。

③ 防治斑点落叶病：萌芽前用5000～6000倍液全园喷雾，铲除越冬的病原；春梢和秋梢生长期各喷1～2次6000～8000倍液，两次需间隔12～15天。

④ 防腐烂病及清园：清园用金力士5000～6000倍液＋安民乐1000倍液＋柔水通4000倍液，果园内介壳虫、绵蚜、腐烂病、白粉病、落叶病均可得到很好的控制。

防治腐烂病时，在细致刮除病斑的基础上，用160～200倍金力士＋800倍柔水通（即用4～5千克水，加5毫升柔水通，搅拌均匀后倒入25毫升金力士药液），搅匀后涂刷病斑，7天后再涂刷1次，处理完后涂药泥，并用塑料条包扎。

⑤ 防治轮纹烂果病：萌芽前用6000倍液全园喷雾，铲除越冬的菌源；花后连续使用2～3次保护剂；套袋前使用6000～8000倍液，发病初期用6000～8000倍液喷防，连续使用2～3次，间隔7天左右。

3. 绿乳铜

松脂制剂。

制剂类型：12%乳油、25%乳油。

具有优良的黏着性和渗透性，耐雨水冲刷。

25%乳油600～800倍液对苹果斑点落叶病、轮纹病、炭疽病有良好的防效，并有一定的杀螨作用。

4. 二氯异氰尿酸钠

制剂类型：60%二氯异氰尿酸钠可溶性粉剂。

低毒、低残留。是氧化性杀菌剂中杀菌最为广谱、高效、安全的消毒剂，可强力杀灭真菌、细菌等各种致病微生物。用于防治腐烂病具有高效、低毒、低残留、低复发率、促进伤口愈合等优势。

防治方法：用有效浓度3～6克/升60%二氯异氰尿酸钠可溶性粉剂在萌芽前或秋季落叶后，刮除病斑并涂抹药剂，可有效控制腐烂病。

5. 辛菌胺醋酸盐水剂

制剂类型：1.8%辛菌胺醋酸盐水剂。

低毒、低残留。具有较好的渗透性，对侵入树皮内的潜伏病菌有一定的铲除作用。

防治方法：用1.8%辛菌胺醋酸盐水剂、丙烯酸涂料和108胶混合制成树体涂剂，涂刷腐烂病病斑，有较好防效。

6. 施纳宁

有效成分为45%代森胺，可广泛用于枝干病害中的腐烂、轮纹、干腐病害和根部病害的防治，有极强的渗透杀菌作用，能够促进各种伤口形成愈伤组织。低毒、无残留、不污染环境。在发芽前用施纳宁200～400倍液全树喷洒或在7～8月用50～100倍液喷洒主干。该产品杀菌力强，枝干表面病菌可基本被杀灭，对枝干潜伏病菌有较强的控制作用。

7. 果友皮腐康

富含防治腐烂病的特效药剂和助剂及促进伤口愈合的营养剂、保水防病菌侵染的生物成膜剂。该药剂涂抹后杀菌迅速而彻底，在特殊助剂的作用下，防止复发，补充有机营养，促进愈合，成膜快，防止水分流失，杜绝病菌侵染，耐雨水冲刷，一次涂抹，持久

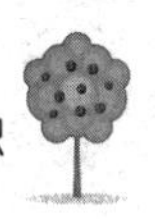

保护。涂抹时在伤口中均匀涂抹1～2毫米厚，并向伤口周围的树皮上多涂1～2厘米。

8. 腐必清

腐必清为植物源农药，由红松根干馏提炼而成，低毒。未见到致畸、致癌和致突变作用报道。含有单元酚、二元酚、多元酚等各种酚类和松香酸。腐必清为棕褐色油状液体，具较浓焦油气味，对树皮死组织有良好渗透作用，对苹果树腐烂病菌有很强杀灭作用，为多种成分协同作用的结果，可用于防治苹果树腐烂病。

生产中可用腐必清加水3倍封闭剪、锯口。把果树腐烂病疤刮干净，将腐必清加水5倍涂抹封闭，好处是不伤细胞组织并能促进病疤愈合和再生。萌芽前用腐必清加水100倍全园封闭，以减少枝干各种越冬病菌菌丝体及分生孢子的传播。腐必清+50%多菌灵各200倍或腐必清200倍+3～5波美度石硫合剂喷干枝，用药少、成本低、效果好。

9. 腐殖酸钾

具有诱导果树产生腐烂病抗性的作用，同时它能为果树提供有机营养。树皮中钾的含量提高有利于减少腐烂病的发生。腐殖酸钾涂干后，可以促进果树落皮层的脱落，减轻腐烂病的发生。

10. 菌毒清

是一种氨基酸类内吸性杀菌剂，有效成分为甘氨酸取代衍生物。杀菌机理是凝固病菌蛋白质，破坏病菌细胞膜，抑制病菌呼吸，使病菌酶系统变性，从而杀死病菌。此药具有良好的渗透性，可在植物体组织内传导和均匀分布，具有高效、低毒、无残留，对人畜安全等特点，对侵入树皮内的潜伏病菌有一定的铲除作用，可用来防治多种真菌、细菌和病毒引起的病害。在苹果树萌芽前全树喷5%菌毒清水剂500～1000倍液，可预防腐烂病的发生，也可用50倍液涂抹病斑，预防病斑重犯。

11. 843康复剂

是多种中药材和化学原料制成的复合杀菌剂，对人畜安全，对天敌昆虫无影响，对环境无污染。产品为黑褐色水剂。具有疗效高、不烧伤树皮、增强输导、促进愈合的特点，是一种良好的枝干病斑涂剂。在腐烂病发生期，用刀刮除病皮，露出好皮，然后涂抹843康复剂原液，病情严重时隔日再涂1次，40天后即可长出愈伤组织。

12. 中生菌素

是中国农科院生防所研制成功的一种新型农用抗生素，是由淡紫灰链霉菌海南变种产生的抗生素，属*N*-糖苷类碱性水溶性物质。该菌的加工剂型是一种杀菌谱较广的保护性杀菌剂，具有触杀、渗透作用。其作用机理：对细菌是抑制菌体蛋白质的合成，导致菌体死亡；对真菌是使丝状菌丝变形，抑制孢子萌发并能直接杀死孢子。对农作物的细菌性病害及部分真菌性病害具有很高的活性，同时具有一定的增产作用。使用安全，可在苹果花期使用。

中生菌素纯品为白色粉末，原药为浅黄色粉末，易溶于水，微溶于乙醇。在酸性介质中，低温条件下稳定，熔点范围173～190℃，100%溶于水。制剂为褐色液体，pH值为4。为低毒杀菌剂，雌大鼠急性经口LD_{50} 316毫克/千克，雄大鼠急性经口LD_{50} 2376毫克/千克。

中生菌素对苹果轮纹病、炭疽病、斑点落叶病、霉心病等病害均有很好的防治效果。可于花期发病初期开始喷雾，用3%中生菌素1000～1200倍液喷施，共使用3～4次。

中生菌素应用注意事项：中生菌素应储存在阴凉、避光处。预防和发病初期用药效果显著。施药应做到均匀、周到。如施药后遇雨应补喷。不可与碱性农药混用。本品对人有毒，施用时要注意防范，如误入眼睛，立即用清水冲洗15分钟，然后就医；如接触皮肤，立即用清水冲洗并换洗衣物；如误服，应立即送医院对症治疗，无特殊解毒剂。

13. 多抗霉素

多抗霉素又称多氧霉素、多效霉素、宝丽安、保利霉素，在苹果生产中主要用于防治斑点落叶病、轮纹病、白粉病、霉心病等。其主要成分是多抗霉素A（polyoxin A）和多抗霉素B（polyoxin

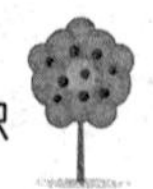

B)，是金色链霉菌产生的代谢物。

多抗霉素属低毒杀菌剂。原药大小鼠急性经口 LD_{50} 均大于2000毫克/千克，大鼠急性经皮 $LD_{50}>1200$ 毫克/千克，大鼠急性吸入 $LC_{50}>10$ 毫克/升。对兔皮肤和眼睛无刺激作用。在试验剂量内动物无慢性毒性，对鱼及水生生物安全，对蜜蜂低毒。属于广谱性抗生素类杀菌剂。它具有较好的内吸性，干扰菌体细胞壁的生物合成，还能抑制病菌产孢和病斑扩大。

多抗霉素易溶于水，不溶于有机溶剂。对紫外线稳定，在酸性和中性溶液中稳定，在碱性溶液中分解。对温血动物低毒。作用机制是干扰病原菌细胞壁甲壳素的生物合成。能使芽管和菌丝体局部膨大、破裂，细胞内含物泄出，导致死亡。

防治苹果病害时，每亩（1亩≈666.67米^2）用10%可湿性粉剂1000～2000倍液，在春梢生长初期喷药，每隔1周喷1次，连续喷用2～3次。与波尔多液交替使用，效果更好。

多抗霉素应用注意事项：应密封保存，以防潮结失效。不能与碱性或酸性农药混用。使用时应按安全规则操作。

14. 农抗120

又称抗霉菌素120，也叫120农用抗生素（TF120），是我国自主研制的嘧啶核苷类抗生素，是一种高效、广谱、内吸强、缓抗性、无污染、无残留、无公害、毒性低、与环境相容性好、同自然相和谐的多种用途的杀菌剂。也是我国目前应用开发时间最早、推广面积最大、应用作物最多、施用效果最好的优秀生物农药之一。

农抗120对多种病原菌有强烈抑制作用，直接阻碍病原菌的蛋白质合成，导致病原菌死亡。它的主要组分为120-B，类似下里霉素；次要组分120-A和120-C，类似潮霉素B和星霉素。外观为白色粉末，易溶于水，不溶于有机溶剂。在酸性和中性介质中稳定，在碱性介质中不稳定，易分解失效。这种抗生素抗菌谱广，进入植物体内后，可以直接阻碍病菌蛋白质的合成，导致病菌的死亡，达到抗病的目的。它对作物有保护和治疗双重作用，提高作物的抗病能力和免疫能力。它的保护、预防作用，优于治疗、杀灭作用。

农抗120使用注意事项：由于农抗120的抑菌作用在时间上有一个“滞后效应”，因此在病害常发区，于作物苗期未发病前或刚发病时就应该喷药，这样农抗120液被作物吸收以后，就在作物体内占有一定的“生态位”，病菌要侵入、孢子要萌发、菌丝要伸展……就没有了“位置”，受到了阻力，于是作物就产生了免疫力，这就是农抗120的保护机制。生产中要充分利用这一特性，适当提前用药，以提高用药效果。在施用时不可同波尔多液、松碱合剂、石硫合剂及其他碱性农药、肥料混配混用。同时施用前应清洗喷雾器械，防止碱性药渣、药残混杂，使得农抗120分解失效。

15. 浏阳霉素

大环内酯类抗生素，大白鼠急性经口 LD_{50} 大于10000毫克/千克，经皮 LD_{50} 大于2000毫克/千克，无致畸、致癌、致突变性。但该药剂对鱼毒性较高，对鲤鱼 $LC_{50}<0.5mg/L$，属高毒，但对天敌昆虫及蜜蜂比较安全。纯品为无色棱柱状结晶。易溶于苯、醋酸乙酯、氯仿、乙醚、丙酮，可溶于乙醇、正己烷等有机溶剂，不溶于水。广谱性生物杀螨剂，可防治多种害螨，不产生抗性，可用于防治各种螨类。用10%浏阳霉素乳油1000～4000倍液喷雾。

16. 多硫化钡

矿物源杀菌剂，其水溶液呈黑褐色或棕红色，有很强的恶劣气味。有毒！由重晶石和无烟煤分别粉碎后，按一定配比进行混合，在950～1100℃下进行还原焙烧后，再加入硫黄，经磨碎制得。用作杀菌剂和杀螨剂，可防治果树真菌性病害。

17. 福星

是一种新型氟硅唑类药剂。属于低毒、高效、广谱和内吸型杀菌剂，对人畜低毒，不杀有益生物。药剂喷布后迅速渗入植物体内，并在叶片上形成一层保护膜，因此具有保护作用，兼有治疗和铲除作用。作用机理是抑制病原菌麦角异醇的生物合成，导致细胞膜不能形成，使菌丝不能生长，从而达到杀菌作用。药剂喷到植物上后，能迅速被吸收，并进行双向传导，把已侵入的病原菌和孢子杀死。尤其对担子菌、子囊菌和部分半知菌类防治效果显著。本产

品耐雨水冲刷，喷药后8小时遇雨不影响药效。

产品特点：世界上第一个有机硅类杀菌剂，作用机理独特；杀菌谱广，对大多数真菌病害都有很好的内吸治疗作用；新型高效，超低用量，稀释倍数一般为8000～10000倍；具有强力保护、治疗和铲除作用，内吸治疗速度快，对作物安全；具有内吸双向传导，均匀分布能力，可以杀灭已侵入的病原菌，起到铲除作用，并能持续保护7～10天；富含硅元素，多次使用可使叶片浓绿，色泽艳丽，能够提高品质。

对苹果轮纹病、炭疽病、早期落叶病等多种病害有效，使用40%杜邦福星乳油8000～10000倍液喷施防治。10天左右喷施1次，连喷2～4次。

18. 喷克

是一种高效、广谱、低毒的保护性杀菌剂。该杀菌剂的主要特点：杀菌谱广；药效持久稳定；细度小，悬浮率大于75%，润湿时间少于20秒，润湿性和展着性好，耐雨水冲刷；不易产生抗药性；对作物、人畜、生态环境安全；可与多种农药混用；含有植物生长所需的微量元素，能促进作物生长发育。

喷克宜在作物发病前或发病初期施用，一般7～10天施用1次。防治斑点病、轮纹病、炭疽病，用800倍液喷雾。

19. 扑海因

又名异菌脲、异菌咪。扑海因为广谱触杀型杀菌剂，可以防治对苯并咪唑类内吸杀菌剂（如多菌灵、噻菌灵）有抗性的菌种，也可防治一些通常难以控制的菌种。高效低毒，对环境无污染，对人畜安全，对蜜蜂无毒。

扑海因能抑制蛋白激酶，控制许多细胞内信号，包括对碳水化合物结合进入真菌细胞组分产生干扰。因此，它既可抑制真菌孢子的萌发及产生，也可抑制菌丝生长。即对病原菌生活史中的各发育阶段均有影响。能与多数农药混用，但不能与强碱性农药混配。

苹果生产中主要用于防治疫腐病等真菌性病害。

20. 戊唑醇

为广谱型内吸性三唑类农药杀菌剂，具有保护、治疗、铲除三大功能，杀菌谱广、持效期长，长期使用不产生抗性。可迅速通过植物的叶片和根系吸收并在体内传导和进行均匀分布，主要通过抑制病原真菌体内甾醇的脱甲基化，导致生物膜的形成受阻而发挥杀菌活性。苹果生产中主要用于防治多种锈病、白粉病、根腐病、褐斑病，防治效果较好。

一般在苹果生产中用25%戊唑醇可湿性粉剂1000～1500倍液喷施。

21. 世高

10%世高水分散粒剂为高效、安全、低毒、广谱性杀菌剂，对多种病害有预防、治疗和铲除三大功效，并对作物有强烈的刺激生长作用，能明显提高苹果的产量和品质。

在苹果生产中用于防治锈病、白粉病等病害，用10%世高水分散粒剂2000倍液喷施。

22. 苯醚甲环唑

是三唑类杀菌剂中安全性比较高的，广泛应用于防治果树黑星病、黑痘病、白腐病、斑点落叶病、白粉病、褐斑病、锈病、条锈病等病害。苹果生产中多用10%苯醚甲环唑水分散粒剂1500倍液防治斑点落叶病。

注意事项；苯醚甲环唑不宜与铜制剂混用。因为铜制剂能降低它的杀菌能力，如果确实需要与铜制剂混用，则要加大苯醚甲环唑10%以上的用药量。苯醚甲环唑虽有内吸性，可以通过输导组织传送到植物全株，但为了确保防治效果，在喷雾时用水量一定要充足，要求果树全株均匀喷药。苯醚甲环唑虽有保护和治疗双重效果，但为了尽量减轻病害造成的损失，应充分发挥其保护作用，因此施药时间宜早不宜迟，应在发病初期进行喷药，效果最佳。

23. 三唑酮

又称粉锈宁、百里通，是一种高效内吸性杀菌剂，对人畜低毒，对蜜蜂、天敌昆虫和有益生物无伤害，对病害具有预防、治疗

和一定的铲除作用，对防治白粉病有特效。剂型有15%、25%可湿性粉剂和20%乳油。防治白粉病时从发芽时起到苹果落花后，喷洒20%乳油或25%可湿性粉剂3000～4000倍液。

24. 波尔多液

（1）特性 无机杀菌剂。是硫酸铜、氢氧化铜和氢氧化钙的碱式复盐。以极细颗粒在水中形成蓝色悬浮液。

通常按质量比以硫酸铜1份、石灰1份、水100份搅拌混合而成，称为等量式波尔多液。此外，按用途需要，还有倍量式（石灰为硫酸铜的2倍）和半量式（石灰为硫酸铜的一半）波尔多液。硫酸铜的配比高时，杀菌效力亦高，但药害亦大；反之，则药效较低，但对作物安全。

波尔多液具有毒性小（对人、畜基本无毒）、价格低、使用安全且方便、防治病害范围广泛等特点。它对绝大多数真菌性病害和细菌性病害都有较好的防治效果，且长期使用不产生抗药性。它黏着力强，使用后，不易被雨水冲刷掉，药效持久。自问世以来，应用一百多年久用不衰，使用范围越来越广，是苹果等多种果树防治病害的最常用药。

（2）配制方法 波尔多液配制很有讲究，必须正确配制，以确保产品质量。

① 方法一：先把配药的总用水量平均分为2份，1份用于溶解硫酸铜，制成硫酸铜水溶液，1份用于溶解生石灰。可先用少量热水浸泡生石灰让其吸水、充分反应，生成氢氧化钙（成泥状），然后再把配制好的石灰泥，过细箩加入到剩余的水中，配制成石灰乳（氢氧化钙水溶液）。

两种药液配制完成后不必立即兑制，可在容器内暂时封存，待喷药时现兑现用。配药时把两种等量药液同时徐徐倒入喷雾器内或另一容器内，边倒药液边搅拌，搅匀后随即使用。

如果用机械喷药，需一次性配制大量药液，可利用虹吸原理，把2条同等粗度、同等长度（长度必须超过容器高度的2倍以上）的细塑料胶管底部各系上小石块，分别沉入2种溶液的底部，后各自灌满溶液，用拇指封闭上端管口，同时拉出固定于位置较低的另一容器中，溶液会自行流出，调整管口溶液的流向，让混合液自行旋转混匀，后插入喷雾器吸水龙头即可。

② 方法二：用10%的水配制石灰乳，制成氢氧化钙水溶液，用90%的水溶解硫酸铜，制成硫酸铜水溶液，两种药液暂时存放备用。喷药时需现配现用，按比例先把1份（10%）石灰水溶液倒入喷雾器内或另一容器内，再把9份（90%）硫酸铜水溶液徐徐倒入喷雾器或容器中的石灰水溶液中，边倒药液边搅拌，搅拌均匀后随即使用。

配制波尔多液必须在碱性条件下进行反应。倒药液时，不可搞错次序，必须把硫酸铜水溶液倒入石灰水溶液中，不能把石灰水溶液倒入硫酸铜水溶液中，否则配制的药液会随即沉淀、失效。

（3）波尔多液使用方法　波尔多液是保护性杀菌剂，喷洒在植物表面形成一层保护膜，防止病菌侵害。它的杀菌谱较广，在苹果树上一般于幼果膨大期后使用，先是用200～240倍倍量式波尔多液，中后期用160～200倍多量式波尔多液。用1∶3∶15倍波尔多液浆涂抹刮治后的病部，可防治枣、苹果等果树腐烂病。

（4）波尔多液使用注意事项　波尔多液是一种胶体溶液，需现用现兑，以免药液配制后存放时间过长，氢氧化铜沉淀而影响药效。溶解硫酸铜和存放药液都不可使用铁、铝等金属容器，以免腐蚀损坏。波尔多液是强碱性药液，不能与在碱性条件下发生反应的药品混用，以免药品分解、变质失效。波尔多液不可与石硫合剂等含硫制剂混用，二者在同一作物上使用，须间隔半月以上。要选晴天、微风或小风天气喷药，严禁雨天、雾天和湿度较高的阴天喷药，以防药液喷到作物上后，不能及时干燥，引起烧叶现象发生。

25. 石硫合剂

（1）特性　石硫合剂是由生石灰、硫黄加水熬制而成的一种用于农业上的杀菌剂。石硫合剂能通过渗透和侵蚀病菌和害虫体壁来杀死病菌害虫及虫卵，是一种既能杀菌又能杀虫、杀螨的无机硫制剂，可防治白粉病、锈病、褐斑病、黑星病及红蜘蛛、介壳虫等多种病虫害。在众多的杀菌剂中，石硫合剂以其取材方便、价格低

廉、效果好、对多种病菌具有抑杀作用等优点，在苹果生产中广为使用。

（2）石硫合剂的熬制　石硫合剂是由生石灰、硫黄加水熬制而成的，三者最佳的比例是 1∶2∶10。熬制时，必须用瓦锅或生铁锅，使用铜锅或铝锅则会影响药效。首先称量好优质生石灰放入锅内，加入少量水使石灰消解，然后加足水量，加温烧开后，滤出渣子，再把事先用少量热水调制好的硫黄糊自锅边慢慢倒入，同时进行搅拌，并记下水位线，然后加火熬煮，沸腾时开始计时（保持沸腾 40～60 分钟），熬煮中损失的水分要用热水补充，在停火前 15 分钟加足。当锅中溶液呈深红棕色、渣子呈蓝绿色时，即可停止加热。进行冷却过滤，清液即为石硫合剂母液。

（3）石硫合剂的稀释　出锅后的药液为石硫合剂原液（或称母液），需加水稀释后方能使用。待药液冷凉后，先用波美计测量药液相对密度（波美度），然后依据使用浓度用以下公式计算加水倍数。

$$加水倍数=原液浓度\div使用浓度-1$$

（4）石硫合剂在苹果生产中的使用　秋冬季节果树落叶后，在清园时一般都要喷洒一次石硫合剂。早春晚秋用水稀释 180～400 倍喷雾或用刷子均匀涂刷在树干上。用原液涂伤口减少有害病菌的侵染，防止腐烂病发生效果较好。春季发芽前，全树喷洒 3～50 波美度石硫合剂，可防治腐烂病、干腐病、枝枯病、炭疽病及枣红蜘蛛等。

（5）石硫合剂的使用注意事项　石硫合剂对金属容器腐蚀性强，熬制石硫合剂时不要用新铁锅，储存石硫合剂不能用铜、铁、铝等金属器皿，喷雾器用完后要及时清洗，以免被其腐蚀、损坏。石硫合剂容易和空气中的氧气、二氧化碳发生反应，存放时要密闭，并在药液表面加上柴油与空气隔绝，防止被空气氧化，降低药效。石硫合剂为强碱性，不能与忌碱性农药混用，也不能与铜制剂混用。枣树喷洒 7～10 天后，才能喷施波尔多液，喷波尔多液 15～20 天后，方能喷洒石硫合剂，否则易出现药害。在气温高于 30℃

以上时，要慎用，以防果面出现药害。工作时应遵守安全用药规则。工作结束应认真洗手、洗脸，以防药液腐蚀皮肤。

26. 硫黄悬浮剂

杀虫杀菌对象同石硫合剂，但较石硫合剂性能稳定，使用更方便，并可与多种农药混合使用，是一种非常理想的新型硫制剂。在苹果树生长前期（即萌芽开始至开花前后）使用，兼治苹果白粉病和山楂叶螨。在苹果白粉病和山楂叶螨同时发生的苹果园，花前和花后连续喷洒50%硫黄悬浮剂200倍液2次，可获得良好的防治效果。硫黄悬浮剂药效的发挥受施药时气温的影响较大，高温时药效显著提高，但气温超过32℃时，如果使用浓度过高，容易产生药害，生产中应注意预防。

27. 农用链霉素

为放线菌所产生的代谢产物，杀菌谱广，特别是对多种细菌性病害效果较好（对真菌也有防治作用），易溶于水，具有内吸作用，能渗透到植物体内，并传导到其他部位。对人、畜低毒，对鱼类及水生生物毒性亦很小。主要用于喷雾，也可作灌根。主要剂型为15%可湿性粉剂或20%可湿性粉剂。苹果生产中可用其20%可湿性粉剂2000倍液灌根防治根癌病。

二、 杀虫剂

1. 苦参碱

（1）制剂类型　0.2%水剂、0.6%水剂、1%溶液、1.1%粉剂。

（2）制剂毒性　对人、畜低毒；对果树安全。

（3）作用特点

① 苦参碱是由中草药植物经乙醇等有机溶剂提取制成的生物碱，主要成分是苦参碱、氧化苦参碱等，属植物神经毒剂。

② 具触杀和胃毒作用，可使害虫神经麻痹，蛋白质凝固堵塞气孔窒息而死。

③ 具有广谱性、低毒、无残留的特点。

(4) 防治方法　在苹果生产中主要用于防治螨类、蚜虫、食心虫等。一般在花后叶螨越冬卵开始孵化至孵化结束期间，用0.6%水剂500～800倍液喷防。在蚜虫盛发期用0.6%水剂1000～1200倍液喷防。防治食心虫时用0.6%水剂800～1000倍液喷防。

生产中多采用与化学农药复配应用，以提高防效。如1.5%氰戊·苦参碱乳油具有速效性强、持效期长、病虫兼治、高效低毒、安全无公害的特点，广泛应用于防治果树的介壳虫、螨类、蚜虫、食心虫等害虫，防效显著，持效期长达10～15天。1.5%氰戊·苦参碱1000倍液复配48%乐斯本对蚜虫、蜡虱、粉蚧等顽固性害虫防效显著。

(5) 苦参碱使用注意事项　苦参碱无内吸性，喷药时注意喷洒均匀周到。不能与碱性农药混用。在害虫低龄期使用效果好。

2. 阿维菌素

又称齐螨素、阿维虫清、爱福丁、阿佛曼菌素、虫螨克等。阿素维菌是一种高效、广谱的抗生素类杀虫杀螨剂。它由一组大环内酯类化合物组成，对螨类和昆虫具有胃毒和触杀作用。喷施叶表面可迅速分解消散，渗入植物薄壁组织内的活性成分可较长时间存在于组织中并具有传导作用，对害螨和在植物组织内取食危害的昆虫有长残效性。主要用于防治双翅目、鞘翅目、鳞翅目和有害螨等。

(1) 阿维菌素性状：原药为白色或浅黄色晶体粉末，熔点为157～162℃。乳油为褐色液体，无可见悬浮物和沉淀。在通常储存条件下稳定，在pH5～9和25℃时其水溶液不会发生水解。大鼠经口LD_{50}为1470毫克/千克，无致畸、致癌、致突变作用。

(2) 制剂类型　1.8%乳油、1%乳油、0.6%乳油。

(3) 制剂毒性　该药剂对人、畜和环境无公害，对天敌较安全，对果树无害。

(4) 作用特点　阿维菌素是从土壤微生物中分离的天然产物，对昆虫和螨类具有触杀和胃毒作用并有微弱的熏蒸作用，无内吸作用。但它对叶片有很强的渗透作用，可杀死表皮下的害虫，且残效期长。其作用机制与一般杀虫剂不同的是它干扰神经生理活动，刺激释放γ-氨基丁酸，而γ-氨基丁酸对节肢动物的神经传导有抑制作用，螨类和昆虫与药剂接触后即出现麻痹症状，不活动不取食，2～4天后死亡。因不引起昆虫迅速脱水，所以它的致死作用较慢。对捕食性和寄生性天敌虽有直接杀伤作用，但因植物表面残留少，因此对益虫的损伤小。对根结线虫作用明显。高效、广谱、低毒，残效期长达10天以上，害虫不易产生抗性。杀虫杀螨活性高，对胚胎未发育的初产卵无毒杀作用，对胚胎已发育的后期卵毒杀活性较强，对抗药性害虫防效较好。与有机磷、拟除虫菊酯和氨基甲酸酯类农药无交互抗性。

（5）防治对象　金纹细蛾、桃蛀果蛾等潜叶蛾类；山楂叶螨、二斑叮螨等螨类；梨木虱、棉铃虫及蚜虫类。

（6）阿维菌素使用注意事项　防治叶螨、蚜虫时，使用4000～6000倍1.8%阿维菌素乳油喷雾。该药无内吸作用，喷药时应注意喷洒均匀、细致周密。不能与碱性农药混用。夏季中午时间不要喷药。收获前20天停止施药。储存本产品应远离高温和火源。阿维菌素低毒，对人无影响，对鱼蜜蜂高毒，喷雾地点应远离河流。

3. 苏云金杆菌杀虫剂（Bt）

简称菌杀敌等，是利用苏云金杆菌经发酵培养生产的一种微生物制剂。

（1）制剂类型　乳剂（含100亿个活芽孢/毫升）、可湿性粉剂（含100亿个活芽孢/克）、乳油。

（2）作用特点　是一种好气性细菌杀虫剂，能产生内、外两种毒素。杀虫以胃毒作用为主，害虫吞食内毒素（即伴孢晶体）进入消化道产生败血症而死亡。具有低毒、缓效、无残留的特点。害虫不产生抗药性。与低浓度菊酯类农药混用，可提高防效。

（3）防治对象　苏云金杆菌可用于防治直翅目、鞘翅目、双翅目、膜翅目，特别是鳞翅目的多种害虫。是目前研究最多，用量最大的杀虫微生物。

（4）苏云金杆菌应用注意事项　苏云金杆菌可湿性粉剂应保存在低于25℃的干燥阴凉仓库中，防止暴晒和潮湿，以免变质。苏

云金杆菌制剂可用于喷雾、喷粉、灌心、制成颗粒剂或毒饵等。苹果生产中防治害虫时用100亿个孢子/克的菌粉500克/亩兑水稀释2000倍喷洒，或用乳剂1000～2000克/亩与52.5～75千克/亩的细沙充分拌匀，制成颗粒剂撒放土壤，防治危害根部的害虫。也可将苏云金杆菌致死的发黑变烂的虫体收集起来，用纱布袋包好，在水中揉搓，每50克虫尸洗液加水50～100千克喷雾。使用本品时应穿戴防护服和手套，避免吸入药液。施药期间不可吃东西和饮水。施药后应及时洗手和洗脸。不能与内吸性有机磷杀虫剂或杀菌剂及碱性农药等物质混合使用。本品对蜜蜂、家蚕有毒，施药期间应避免对周围蜂群的影响，蜜源作物花期、蚕室和桑园附近禁用；对鱼类等水生生物有毒，远离水产养殖区施药，禁止在河塘等水体中清洗施药器具。孕妇和哺乳期妇女避免接触。

4. 白僵菌

白僵菌是一种真菌性杀虫剂，其孢子接触害虫后产生芽管，通过皮肤侵入其体内长成菌丝，并不断繁殖使害虫新陈代谢紊乱致死。白僵菌制剂对人、畜无毒，对作物安全，无残留、无污染，但对蚕有毒害。白僵菌侵染害虫致病，需要一定的温、湿度条件和使孢子萌发的足够水分。一般在5～30℃可发育，发育最适温度为24～28℃。孢子5℃萌发需相对湿度在90%以上，土壤含水5%以上。白僵菌感染害虫后致死速度缓慢，一般需经4～5天后死亡。白僵菌可侵染鳞翅目、同翅目和鞘翅目等多种害虫的幼虫，适于林木、果木和农作物上使用。

在苹果生产中应用：防治苹果食心虫，在桃小食心虫越冬幼虫出土和第一代幼虫脱果初期，树下地面喷施白僵菌菌粉（每亩用22千克）进行防治。防治刺蛾、象甲等害虫，使用白僵菌菌粉稀释液也有一定效果。防治其他果树的鳞翅目幼虫，于低龄幼虫发生初期和卵的孵化盛期，树冠和地面喷布300倍白僵菌液，对控制当代幼虫危害有一定的效果，对控制下代幼虫危害（使1代、2代蛹变成僵蛹）效果良好。防治椿象，于4～6月椿象若虫发生初期，树冠和地面喷布300倍白僵菌液，也可将自然感染白僵菌死亡的荔蝽虫尸捣碎制液喷布，亦有较好的效果。秋冬田间自然感染白僵菌的荔蝽虫尸较多，应注意收集。

在苹果生产中应用白僵菌注意事项：成品菌粉应存放在阴凉干燥处，避免受潮失效。白僵菌孢子遇水易发芽，配制菌液时要随配随用，一般在2小时内用完，以免孢子过早萌发，失去侵染能力。菌粉配制液剂时，加入少量洗衣粉，便于湿润菌粉，分散均匀。白僵菌不可与杀菌剂混用。白僵菌对人的皮肤有过敏反应，有时会出现皮肤刺痒、嗓子干、痰多等现象，使用时应注意防护。白僵菌不可与杀菌剂混用。该药不适宜在养蚕区使用。

制剂类型主要是白僵菌粉剂（普通粉剂含100亿个孢子/克，高孢粉剂含1000亿个孢子/克）。

白僵菌具有高效、低毒、低残留的特点。与低剂量化学农药（25%对硫磷微胶囊、48%乐斯本等）混用增效明显。

5. 机油乳剂

是95%机油和5%乳化油加工制成的杀虫杀螨剂，又叫蚧螨灵。机油不溶于水，加入乳化剂后成棕黄色乳油，可直接加水使用。对害虫主要是触杀作用，喷到虫体或卵壳表面后，形成一层油膜，封闭气孔，使其窒息死亡。性能稳定，不易产生药害，低毒，对人、畜、天敌安全。

机油乳剂使用注意事项：应选择无浮油、无沉淀、无浑浊，有质量保证的产品。夏季使用应注意防止药害。

防治对象：山楂叶螨、苹果全爪螨等螨类；苹果瘤蚜、绣线菊蚜、桃蚜、梨二叉蚜等蚜虫类；梨圆蚧、桑盾白蚧、日本龟蜡蚧等介壳虫类；梨木虱、枣壁虱等。

在苹果生产中使用：在苹果萌芽期喷洒95%机油乳剂100倍液，防治螨类、蚜虫、介壳虫等。

6. 氟虫脲

又称WL115110、卡死克。主要是抑制昆虫甲壳素合成酶的形成，干扰甲壳素在表皮中的沉淀作用，阻碍新表皮的形成，导致昆虫不能正常脱皮，活动减缓，取食减少，直至死亡。

制剂类型：5%乳油，5%可湿性粉剂。

该药剂对人、畜低毒；药效缓慢，用药后2～3小时害虫即停止取食，3～5天达到高峰，10天左右效果显著；对叶满的天敌安全，对果树无公害。

具有高效、低毒的特点。以触杀和胃毒作用杀灭害虫和螨类，但不杀卵，对成螨亦无直接杀伤，但可使其短命，减少产卵量或卵不孵化或孵化幼螨也会很快死亡，是目前酰基脲类杀虫剂中杀螨效果最好的。对多种果树害虫也有较好防效，是理想的选择性杀虫、杀螨剂。

可杀灭多种害螨和害虫，特别对抗性害螨和害虫有较好的防效。

7. 灭幼脲

又称灭幼脲3号、扑蛾丹、蛾杀灵、劲杀幼等。属低毒杀虫剂。在动物体内无明显蓄积毒性，未见致突变、致畸作用。灭幼脲可抑制害虫表皮甲壳素的合成，使之不能正常蜕皮而死亡；同时对脂肪体、咽侧体等又有损伤破坏作用，从而妨碍蜕皮变态。对各龄幼虫均有防效，还能抑制害虫卵的胚胎发育。害虫中毒后不再取食，喷药后3～5天死亡。残效期可达30天以上，耐雨水冲刷，田间降解缓慢。对蛾类和尺蠖类都有防效。纯品为白色晶体。不溶于水、乙醇、甲苯及氯苯中，在丙酮中的溶解度为10克/升，易溶于二甲基亚砜及*N*,*N*-二甲基甲酰胺和吡啶等有机溶剂。灭幼脲对光和热较稳定，遇碱和较强的酸易分解。毒性极低，小白鼠口服LD_{50} 7000～15000毫克/千克，对鱼类低毒，对蜜蜂无毒害作用，对蚊蝇幼虫有较高活性。无药害，对人畜安全，对天敌、对生态环境均无不良影响。

制剂类型：25%、50%胶悬剂。

杀虫以胃毒作用为主，也有触杀作用，但无内吸性，对鳞翅目和双翅目幼虫有特效。

防治对象：对鳞翅目害虫有特效；可杀灭金纹细蛾、刺蛾、舞毒蛾、桃蛀果蛾；对枣尺蠖、天幕毛虫、舟形毛虫等防效亦很好。

生产中一般用25%胶悬剂1000～2000倍液于成虫产卵前喷雾防治金纹细蛾；用2000～3000倍液喷雾防治食叶毛虫；用800倍液喷雾防治桃小食心虫。

8. 敌死虫

制剂类型：99.1%乳油。

该药剂低毒，对人、畜低毒；对蜜蜂、鸟类和果树都较安全，对天敌杀伤力小；害虫不易产生抗性。

具有广谱、低毒、低残留的特点；具有窒息病原菌的作用，抑制病菌孢子萌发，减轻病害发生。

防治对象：山楂叶螨、苹果全爪螨、二斑叶螨、柑橘锈螨、红叶螨；瘤蚜、苹果绵蚜、绣线菊蚜；梨圆蚧、日本龟蜡蚧、球坚吹棉蚧、红圆蚧；金纹细蛾、柑橘潜叶蛾；梨木虱、柑橘木虱、粉虱。

9. 吡虫啉

又名一遍净、蚜虱净、大功臣、康复多等。

制剂类型：2.5%、10%、20%可湿性粉剂，5%乳油，20%可溶性粉剂。

该药剂对人、畜低毒，对果树和天敌安全。

具有广谱、高效、低毒、低残留的特点，害虫不易产生抗性；速效性好，药后1天即有较高防效，残留期长达25天；药效和温度呈正相关性，温度高时杀虫效果好。

主要用于防治刺吸式口器害虫，绣线菊蚜、苹果瘤蚜、桃蚜等，梨木虱、卷叶蛾等。

10. 松脂酸钠

对果树害虫具有黏着、窒息、腐蚀体表蜡质层的作用。它具有成膜特性，可以通过改变植物表面环境特征，对害虫的栖息和滋生产生影响。

制剂类型：30%乳剂。

该药剂对人畜、植物安全，无残留，对蚜虫、红蜘蛛有较好的防效，对天敌安全。

具有良好的脂溶性、成膜性和乳化性能。对害虫以触杀为主，兼有黏着、窒息、腐蚀害虫表皮蜡质层以使虫体死亡的作用。

30%松脂酸钠乳剂 100～300 倍液喷雾，对苹果蚜虫、红蜘蛛有较好的防效。

11. 烟碱（硫酸烟碱）

属植物杀虫剂，中毒，有效成分为尼古丁。该药剂溶液或蒸气可渗入害虫体内，使其迅速麻痹，神经中毒而死。主要是触杀作用，也有一定的熏蒸和胃毒作用，无内吸作用。对将要孵化的卵有较强的杀伤力。烟碱杀虫范围广，活性强，药效快，对植物安全，但残效期短（7 天左右）。

在苹果生产中使用时可于蚜虫、叶蝉、卷叶蛾、食心虫、潜叶蛾等发生初期，用 40%硫酸烟碱 800～1000 倍液喷防。

烟碱使用注意事项：烟碱对人、畜毒性高，配制和使用时要注意保护。为了提高药效，在应用时药液中加入 0.2%～0.3%的中性皂，效果会更好。要注意环境保护，不要污染鱼塘、河流、养蜂场所。

12. 鱼藤酮

又名施绿宝，以触杀和胃毒作用为主，也有一定驱避作用，无内吸作用。具选择性，对天敌安全，杀虫谱广，对鳞翅目、半翅目、鞘翅目等多种果树害虫均有较好的防效。一般用 2.5%鱼藤酮乳油 400～600 倍液喷防。

13. 烟百素

为烟碱、百部碱、楝素三种成分配制成的杀虫剂，具有很好的触杀和胃毒作用，杀虫谱广，可用于防治鳞翅目、双翅目、同翅目和半翅目等的多种害虫。一般用 11%烟百素乳油 1000 倍液每 7～10 天喷 1 次，连续喷 2～3 次。

14. 除虫菊酯

存在于除虫菊（一种菊科植物）的叶子、茎秆，特别是花中，对昆虫具有很强的毒杀作用。把除虫菊的花收集起来晾干，与木屑、香料等混在一起做成烟熏剂，点燃后，除虫菊酯即可随烟雾散发出来，飞舞的蚊子一旦接触到它，就会被毒杀，这种烟熏剂是优良的天然“蚊香”。除虫菊酯的杀虫谱比较广，能够杀灭许多卫生和农林害虫，并且无抗药性，对人和其他温血动物的毒性也很小，无残毒污染环境。

15. 茴蒿素

茴蒿素是以茴蒿为原料提取的植物性杀虫剂。主要成分为山道年和百部碱。对人畜安全无毒，对害虫具触杀和胃毒作用。商品制剂为低毒杀虫剂，小鼠口服 LD_{50} 为 15000～19256.7 毫克/千克。无慢性毒性。防治果树害虫，用 0.65%茴蒿素水剂 400～500 倍喷雾，防治尺蠖类、蚜虫、食心虫、山楂红蜘蛛效果好。

16. 松脂合剂

松脂合剂是由松香和烧碱或纯碱制成的黑褐色液体，主要成分是松香皂，对害虫具有强烈的触杀作用。因其黏着性和渗透性很强，能侵蚀害虫体壁，对介壳虫的蜡质层有很强的腐蚀作用。在苹果生产中用于防治多种介壳虫、粉虱、红蜘蛛等。一般用 20～25 倍液均匀喷雾。防治介壳虫应在卵盛孵期，在大部分幼虫爬出卵壳并固定在枝条上时开始喷药，隔 7～10 天再喷 1 次。松脂合剂是强碱性药剂，不能同任何有机合成药混用，也不能同含钙的波尔多液、石硫合剂混用。在使用波尔多液后 15～20 天内不能喷松脂合剂，使用松脂合剂后要隔 20 天才能喷石硫合剂，以防产生药害。

原料的配比：松香∶烧碱∶水为 1∶（0.6～0.8）∶（5～6）。水加入锅中，加碱，加热煮沸，使碱溶化。再将碾成细粉的松香慢慢均匀撒入，共煮，边煮边搅，并注意用热水补充，以维持原来的水量。约半个小时后，松香全部溶化，变成黑褐色液体，即为松脂合剂原液，其密度为 1.2 克/厘米^3 左右，松香皂含量约为 14%，含游离碱约 10%。

17. 昆虫病毒杀虫剂

是由活虫感染病毒致病后，经提取、浓缩沉淀、添加各种助剂加工制成。害虫取食而感染病毒，病毒粒子侵入中肠上皮细胞，进入血淋巴，在气管基膜、脂肪体等组织繁殖，逐步侵染虫体全身细

胞，使虫体组织化脓而死亡。该病毒可通过感染后死亡液化的害虫、鸟类食宿主昆虫后排出的粪便等再侵染周围健康害虫，引起“害虫瘟”，导致害虫种群中大量个体死亡。该病毒专一性强，且可传给后代，不污染环境，对人、家畜、家禽和有益昆虫不造成危害，不伤害天敌，能有效地控制害虫种群繁衍。

昆虫病毒杀虫剂在苹果生产中应用时，可用1500倍液在幼虫期喷雾防治。

18. 扑虱灵

又称优得乐、环烷脲，为昆虫生长调节剂，低毒，选择性强，对家蚕、蜜蜂、鱼类安全，对环境污染小。该药具内吸性，对幼虫、若虫防治效果很好，幼、若虫防治取食后不能形成新皮而死亡，但不杀成虫，成虫接触和取食药剂后产卵受到抑制。特别对介壳虫和叶螨类有效。一般在介壳虫越冬代和第一代成虫产卵后的幼、若虫阶段，喷洒25%扑虱灵可湿性粉剂1500～2000倍液，表现出很好的防效。

19. 抗蚜威

又称辟蚜雾。为氨基甲酸酯类杀虫剂，中等毒性，对天敌昆虫安全。具有触杀、渗透和熏蒸作用，是一种具有高度选择性的杀蚜剂，对苹果黄蚜、瘤蚜有较好的防治效果。杀虫速效性好，残效期短。杀虫效果与温度呈正相关，在20℃以上时，温度越高，杀蚜效果越好。一般用50%抗蚜威3000～4000倍液喷防。

三、 杀螨剂

有些杀螨剂对成螨、幼螨和卵都有效，有些只能杀死成螨而对卵无效，还有些只能杀卵，称为杀卵剂。尼索朗、四螨嗪对卵杀伤力很强，对幼螨和若螨也较强，对成螨基本无效，就应在卵盛期、幼螨期施药；唑螨酯和苯丁锡对螨卵效果很低或基本无效，不应在卵盛期施药。选在害螨发生初期、种群数量不大时施药，持效期长的杀螨剂品种，一年内尽可能只使用1次。不可随意提高用药量或药液浓度。不同杀螨机制的杀螨剂轮换使用或混合使用。生产中应根据田间虫态合理选择杀螨剂，以提高防治效果。

1. 尼索朗

是一种噻唑烷酮类杀螨剂，对红蜘蛛的卵和若螨具有较好的防治效果。对作物安全，在正常剂量下使用对蜜蜂无毒。对捕食螨和益虫安全，可与波尔多液、石灰、石硫合剂等强碱性药剂混用。一般用5%尼索朗2000倍液喷防。

2. 四螨嗪

又称螨死净、阿波罗，四嗪类杀螨剂，胚胎发育抑制剂，主要杀螨卵，但对幼螨也有一定效果，对成螨无效。药效发挥较慢，持效期50～60天，施药后2～3周可达到最高杀螨效果。苹果生产中用于防治苹果全爪螨属和山楂叶螨，对榆全爪螨的冬卵特别有效。对捕食螨和有益昆虫安全。一般在开花前后各施1次，每次按100～125毫克/升浓度喷施。

3. 克螨特

克螨特为低毒杀螨剂，对动物未见致畸、致突变和致癌作用。对鱼高毒，对蜜蜂低毒。克螨特具有触杀和胃毒作用，无内吸和渗透传导作用。对成螨、若螨有效，杀卵效果差。防治苹果红蜘蛛、山楂红蜘蛛时用73%乳油2000～3000倍液喷雾。

4. 唑螨酯

又称霸螨灵，为肟类杀螨剂，高效、广谱。对多种害螨有强烈触杀作用，对幼螨活性最高，且持效期长。苹果红蜘蛛用16～25毫克/升药液喷雾。

5. 哒螨灵

为广谱、触杀性杀螨剂，可用于防治多种食植物性害螨。对螨的整个生长期即卵、幼螨、若螨和成螨都有很好的效果，对移动期的成螨同样有明显的速杀作用。该药不受温度变化的影响，无论早春或秋季使用，均可达到满意效果。在害螨发生期均可施用（为提高防治效果最好在平均每叶2～3头时使用），将20%可湿性粉剂或15%乳油兑水稀释至2300～3000倍喷雾。安全间隔期为15天，即在收获前15天停止用药。

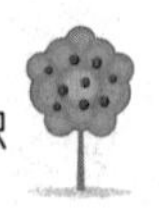

6. 三唑锡

又称倍乐霸，对幼螨、若螨和成螨具有很强的触杀功能，无杀卵作用，但受药卵孵化的幼虫一出壳就立即死亡，残效期1个月以上。对具有抗药性的植食性螨，尤其对二斑叶螨防治效果较好。该药毒性中等，对天敌昆虫和捕食螨安全。在苹果树上防治山楂红蜘蛛等苹果叶螨，喷药适期为苹果落花后的害螨第一代幼螨、若螨期，用25%湿性粉剂2000倍液。

第五节 生物农药在苹果生产中的应用

一、 生物农药的概念

生物农药是指利用真菌、细菌、昆虫病毒、转基因生物、天敌等生物活体，或信息素、生长素、萘乙酸钠、2,4-D等生物代谢产物制成的对农业有害生物有杀灭或抑制作用的制剂。又称天然农药，系指非化学合成，来自天然的化学物质或生命体，而具有杀菌和杀虫作用的农药。

苹果生产中使用的主要生物农药包括阿维菌素、苏云金杆菌(Bt)、白僵菌、青虫菌、杀虫菌、多抗霉素、春雷霉素、井岗霉素、农抗120、华光霉素、中生菌素、浏阳霉素等。

二、 生物农药的特点

1. 生物农药的作用独特，但应用不是很广泛

生物农药与常规化学农药是有区别的。生物农药作用方式较独特。生物农药品种中的昆虫病原真菌、昆虫病毒、昆虫微孢子虫、昆虫病原线虫等，具有在害虫群体中水平传播或经卵垂直传播能力，在野外一定的条件下，具有定殖、扩散和发展流行的能力。不但可以对当年当代的有害生物发挥控制作用，而且对后代或者翌年的有害生物种群起到一定的抑制作用，具有明显的后效作用。生物农药使用剂量低且靶标种类具有高度专一性，一般对非靶标生物的影响比较小。但和化学农药相比生物农药效果较为缓慢，有效期限

较短而成本较高。这些因素均限制了生物农药的应用，不像化学农药那样应用广泛。

2. 生物农药呈现多样化发展趋势

随着科学的发展、对生物认识的提高、生物农药加工工艺的完善，生物农药的范畴不断扩大，涉及动物、植物、微生物中的许多种类及多种与生物有关的具有农药功能的物质，如植物源物质、转基因抗有害生物作物、天然产物的仿生合成或修饰合成化合物、人工繁育的有害生物的拮抗生物、信息素等。

3. 生物农药比较安全，应用前景广阔

随着社会的进步、农业生产力的提高、农产品供给的日益丰富、小康社会的来临，食品的安全性日益受到关注，农药市场发生了很大的变化。生物农药极易被日光、植物或各种土壤微生物分解，形成一种来于自然、归于自然的物质循环方式。由于生物农药的适用范围、作用途径、有效成分和作用机理等较独特，生物农药可有效克服病虫的抗药性，提高防治效果。因此，可以认为它们对自然生态环境安全、无污染。生物农药的应用与保护生态环境和社会协调发展的要求相吻合，需求逐渐增加，正在逐渐成为农业生产中病虫害防治的当家品种。目前我国有 260 多家生物农药生产企业，约占全国农药生产企业的 10%，生物农药制剂年产量近 13 万吨，年产值约 30 亿元人民币，分别约占整个农药总产量和总产值的 9%。

三、 生物农药的分类

生物农药有多种分类方法。

1. 按照其来源分

可分为微生物活体农药、微生物代谢产物农药、植物源农药、动物源农药四个类型。

2. 按照防治对象分

可分为杀虫剂、杀菌剂、除草剂等。

（1）生物杀虫剂

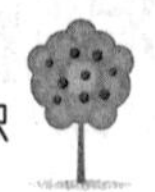

① 细菌杀虫剂：昆虫摄入病原细菌制剂后，通过肠细胞吸收，进入体腔和血液，使之得败血症，导致全身中毒死亡。生产中广泛应用的有苏云金芽孢杆菌、青虫菌、杀螟杆菌等。

② 真菌杀虫剂：它们以分生孢子附着于昆虫的皮肤，分生孢子吸水后萌发而长出芽管或形成附着孢，侵入昆虫体内，菌丝体在虫体内不断繁殖，造成病理变化和物理损伤，最后导致昆虫死亡。真菌杀虫剂具有触杀功能、防治范围广泛、残效期长、扩散力强等优点，但起效缓慢，侵染过程较长，效果受环境影响较大。已发现的杀虫真菌约有800多种，其中以白僵菌、绿僵菌、拟青菌应用较多。

③ 病毒杀虫剂：昆虫病毒是一类没有细胞结构的生物体，主要成分是核酸和蛋白质。病毒侵入昆虫后，核酸在宿主细胞内进行病毒颗粒复制，产生大量的病毒粒子，促使宿主细胞破裂，导致细胞死亡。病毒杀虫剂宿主特异性强，能在害虫群体内传播，形成流行病，也能潜伏于虫卵，传播给后代，持效作用长。缺点是施用效果受外界环境影响较大，宿主范围窄。应用广泛的有核形多角体病毒（NPV）、质形多角体病毒（CPV）、果粒体病毒（GV）等。

④ 微孢子杀虫剂：微孢子杀虫剂为原生动物，经宿主口或卵、皮肤感染，并在其中繁殖，使宿主死亡。目前用于农林防治的微孢子杀虫剂有三种，即行军虫微孢子、卷叶蛾微孢子和蝗虫微孢子。

⑤ 线虫杀虫剂：线虫通常从口腔、气孔等处进入宿主，发育后迅速向淋巴中繁殖，宿主组织被破坏而死亡。线虫是目前国际上新型的生物杀虫剂，它具有寄主范围广泛，对寄主搜索能力强，对人、畜、环境安全，并能大量繁殖的优点。

（2）生物杀菌剂　主要指农用抗生素。主要抑制病原菌能量产生，干扰生物合成和破坏细胞结构。内吸性强，毒性低，有的兼有刺激植物生长的作用。包括井冈霉素、公主岭霉素、赤霉素、春雷霉素、农抗120、农抗5102、中生霉素等。

（3）生物除草剂　主要是利用活体生物或其代谢产物来杀灭杂草。包括真菌、病毒、线虫等病原微生物。根据防治对象可分为选择性除草剂和非选择性除草剂。选择性除草剂，可有选择地使某些杂草染病死亡或直接死亡，非选择性除草剂的杀草范围比较广泛，能对多种不同的杂草起作用。

3. 按照其利用对象分

可分为直接利用生物活体和利用源于生物的生理活性物质两大类，前者包括细菌、真菌、线虫、病毒及拮抗微生物等，后者包括农用抗生素、植物生长调节剂、性信息素和其他源于植物的生理活性物质。但是，在我国农业生产实际应用中，生物农药一般主要泛指可以进行大规模工业化生产的微生物源农药。

四、使用生物农药注意事项

生物农药较特别，使用时与化学农药有较大的区别，在生产中应注意正确使用，以提高使用效果。

1. 在较高温度时喷施，提高防治效果

生物农药的活性成分主要由蛋白质晶体和有生命的芽孢组成，对温度要求较高。因此，生物农药使用时，务必将温度控制在20℃以上。低于最佳温度喷施生物农药，芽孢在害虫机体内的繁殖速度十分缓慢，而且蛋白质晶体也很难发挥其作用，往往难以达到最佳防治效果。试验证明，在20～30℃条件下，生物农药防治效果比在10～15℃间高出1～2倍。为此，务必掌握最佳温度，确保喷施生物农药防治效果。

2. 在湿度较大时喷施，保证防治质量

生物农药对湿度极为敏感。农田环境湿度越大，药效越明显，特别是粉状生物农药更是如此。因此，在喷施细菌粉剂时务必牢牢抓住早晚露水未干的时候使用，务必使药剂能很好地黏附在茎叶上，促进芽孢快速繁殖。此时害虫只要一食到叶子，立即产生药效，可起到很好的防治效果。

3. 避免在强光条件下喷施，充分发挥药效

太阳光中的紫外线对芽孢有着致命的杀伤作用，而且紫外线的辐射对伴孢晶体还能产生变形降效作用。因此，应避免强的太阳

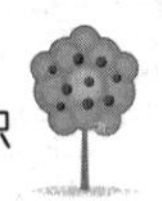

光，增强芽孢活力，发挥芽孢治虫效果。

4. 喷药时要密切关注天气状况，适时用药，确保防治效果

芽孢最怕暴雨冲刷，暴雨会将作物上喷施的菌液冲刷掉，影响对病虫的杀伤力。如果喷施后遇到小雨，则有利于芽孢的发芽，害虫食后将加速其死亡，可提高防效。因此要根据当地天气预报，适时用好生物农药，勿在暴雨期间用药，确保其杀虫防病效果。

第六节 苹果生产中的药害及预防

一、药害的诊断

药害可发生在地上部分的各个部位，以叶果发生最普遍。若萌芽期发生药害，会导致发芽晚，且发芽后叶片多呈“柳叶”状。若叶片生长期发生药害，将因导致药害的原因不同而症状表现各异。药害轻时，叶背面叶毛呈褐色枯死，在容易积累药液的叶尖及叶缘部分常受害较重；药害严重时，叶尖、叶缘甚至全叶变褐枯死。有时叶片生长受抑制，扭曲畸形，或呈丛生皱缩状，叶片厚、硬、脆。若果实发生药害，轻者形成果锈，或影响果实着色，在容易积累药液部位常形成局部果皮硬化，果实后期常发展成凹陷斑块或凹凸不平，甚至导致果实畸形；严重时，造成果实局部坏死，甚至开裂。若枝条发生药害，会造成枝条生长衰弱或死亡，甚至全树因树皮坏死而枯死。

苹果生产中由于除草剂使用广泛，药害发生率较高，除草剂造成的药害多表现为植株矮小，枝、叶、花、果畸形，茎间短而易发新梢，生长点失绿、变黄甚至枯焦死亡，叶片失绿、卷曲、边缘枯焦，叶小而丛生等，严重的造成落叶、落花、落果，甚至二次开花、新栽果树死亡。

二、药害发生原因及特点

药害发生的原因比较复杂，主要是由于化学药剂使用不当造成的。当使用药剂浓度过高时，叶片或果实不能承受药剂的伤害而发生药害。当喷洒药液量过大时，由于局部积累药剂过多，也容易形成药害。有些药剂安全性较差，使用不当很容易发生药害。

药害的发生，除与药剂本身有关外，还与环境条件、叶片和果实的发育阶段有密切关系，如在连续阴雨潮湿的气候条件下喷施波尔多液，易使碱式硫酸铜中的铜离子过量游离而发生药害；在高温干旱时喷施络氨铜或硫黄制剂，也易发生药害；幼果期使用铜制剂或普通代森锰锌，容易造成果锈。树势强弱与药害的发生也有一定关系，壮树抗逆性强，不易发生药害，弱树易发生药害。

通常引发药害的原因主要有以下几项。

1. 气候影响

① 在气温高、光照强的情况下用药，由于药液瞬间即干，使农药不能随水分渗透至叶果组织内部而浓缩，刺激叶果，造成药物损害。

② 连续几天大雨过后即晴，气温过高，立即喷药。阴雨天时气温较低，叶果表面细胞闭塞；雨后气温迅速升高，叶果表皮细胞快速扩张，且呼吸量加大。此时喷药，会使药物大量、快速进入叶果内部，造成药害。

③ 在喷用波尔多液后，如药液没有干就下大雨，雨水会淋掉石灰，所剩的铜离子，由于渗透腐蚀性强，会导致叶片受害。

2. 不当操作的影响

① 人为提高使用浓度，造成药害，是生产中较常见的现象。

② 使用方法不当。将多种农药放入桶内，然后加水稀释，这样几种农药会产生化学反应，喷在树上易造成药害。有的果农图省事，将所需的粉剂、胶悬剂、水剂、乳油等一块放入桶中再搅拌，这种方法是非常不可取的。

③ 重复喷用，导致叶果表面农药残留过多，出现药害。

3. 农药质量与性状的影响

有些复配制剂是由 2～3 种农药复配而成的，在气温不高的情况下使用是安全的，且杀虫杀菌效果也好；如果在高温下使用就易

出现药害。

三、 防治措施

防治苹果园药害的关键是合理使用各种化学农药。

1. 根据苹果发育特点，科学选择安全有效药剂

幼果期禁止使用强刺激性药剂，不套袋果着色期避免使用波尔多液。幼果期经常使用的安全药剂有必得利、大生 M-45、多抗霉素、世高、信生、烯唑醇、纯品多菌灵、纯品甲基托布津、灭幼脲、除虫脲、吡虫啉、啶虫脒、乐斯本或毒死蜱、阿维菌素、家地乐等。

2. 加强栽培管理

合理施肥、科学浇水，增强树势，提高树体的抗病能力。

3. 施药环境适宜

喷药时密切关注天气变化情况，要避开高温强光期喷药，在温度高于 30℃、强烈阳光照射、相对湿度低于 50%、风速超过 3 级、雨天或露水很大时不能施药。通常上午 10 时以前和下午 4 时以后喷药较安全。高温季节如果遇几天大雨，天晴后不要立即喷药，要使叶、果有一个适应过程，最好隔 1 天喷药。

4. 科学使用农药

严格按照农药类型及特点，选择适当使用浓度及方法，禁止随意提高使用浓度。严禁使用低于下限或高于上限的浓度，特别注意使用说明书上的注意事项，以防出现药害。合理混配农药：几种药剂混合喷雾时，不能将几种所用农药同时加入药罐中进行搅拌，必须加入一种，搅拌 1 次，待搅匀后，再加入另一种，再搅拌，以此类推。若喷过波尔多液没干就下大雨，雨后应立即再补喷 1 次，或者喷 1 次 80 倍的石灰液，可有效防止药害的发生。

5. 进行药害试验

对于当地未曾使用过的农药，特别是复配制剂农药，在使用前必须进行小面积的药害试验，待观察 1 周左右确定无药害发生时，再大面积使用，减少药害发生的可能性。

6. 除草剂药害的补救

一旦除草剂产生药害，应积极采取措施补救，以把损失降到最低。植株上除草剂过多时，可用机械喷水淋洗，减少附着在叶上的药量。药害轻时，应及时摘除受害部分，增施速效肥，合理灌溉。药害特别严重时，可喷激素调节，如喷4%赤霉素乳油，可促进叶片恢复。

四、 苹果树药害补救措施

1. 喷水和灌水

果树发生药害后如发现及时，应立即喷水冲洗受害植株2～3次，以稀释和洗掉附着于花、叶、果及枝干上的农药，降低树体内的农药含量，减轻危害。如为酸性药害，为加速农药分解，可在水中加入适量生石灰。如是内吸性药剂或土壤处理药剂导致的药害，可用田间漫灌并排水的方法处理土壤。

2. 喷药中和

药害导致叶片白化时，可用粒状的50%腐殖酸钠配成5000倍液进行灌溉，也可将50%腐殖酸钠配成3000倍液进行叶面喷雾，3～5天后叶片会逐渐转绿。如果施用石硫合剂产生药害，可先进行水洗，然后再喷400～500倍米醋，可减轻危害。若喷施波尔多液发生铜离子药害，可喷0.5%～1%的石灰水，消除药害。

3. 修剪

果树发生药害后，要及时摘除枯死的叶、花、果，剪除枯死枝，以免枯死部分蔓延或受病菌侵染而引起更严重的病害。

4. 中耕

果树一旦发生药害，要及时对果园进行中耕，以改善土壤的通透性，促进根系发育，增强树体自身的恢复能力。

5. 追肥

果树发生药害后，其生长发育受到影响，长势会衰弱下来，为了促使树势恢复，应及时进行追肥，据树大小，可每亩施尿素5～10千克，也可用植物动力2003稀释成1000倍液或用0.3%尿素和0.2%磷酸二氢钾混合叶面喷施，补充营养，促进树势恢复。

第四章

苹果生产中优势病虫害的演变

伴随苹果树栽培面积的扩大、品种的更新，由于栽培制度的改变、气候异常、检疫制度不严格以及农药使用的不合理等诸多原因，果园病、虫、草、鼠害的发生与防治出现了一些新问题。苹果生产中的主要危害病虫也在不断变化，生产中只有以变应变，才能使防治工作有的放矢，提高防效。

在20世纪40年代以前，苹果生产中病虫害防治主要以人工方法、物理方法、农业方法和无机农药为主，苹果害虫基本上以食叶性、蛀果性及体型较大的害虫为主。20世纪40年代以后，有机合成农药开始在苹果生产中应用，特别是DDT、六六六等有机氯农药和有机磷农药1605、1059的出现，使苹果生产中的食叶性、体型较大的害虫基本得到控制。在20世纪末至21世纪初，随着果园地膜覆盖和果实套袋栽培方式的普及，大力推行地下防治为主、树上防治为辅的措施，加强树上卵果率的监测，按1%卵果率的防治指标喷药，取得了明显的效果，食心虫的危害大大减轻，对生产的危害越来越小。20世纪60年代，有机合成农药使用的问题开始暴露，特别是广谱性有机合成农药在苹果生产中的应用，在杀伤害虫的同时，也杀伤了众多的有益生物——害虫天敌。小型害虫失去有效天敌控制，引起种群突然暴发，次级害虫和潜在害虫上升为目标害虫，螨类、蚧类、蚜虫类、金蚊细蛾和潜叶蛾等害虫大量发生，对苹果的危害加剧，逐渐演变为主要害虫。特别是拟除虫菊酯类农药的应用，导致了金纹细蛾暴发成灾，已严重影响苹果的产量和质量。随着我国苹果栽培的主要品种固定在富士、元帅等少数易感染斑点落叶病、轮纹病的品种上，引发了斑点落叶病和轮纹病的大流行。随着我国与世界交流的日益频繁，外来物种的危害呈现失控现象，苹果绵蚜、美国白蛾、美国蠹蛾等检疫性虫害在我国的危害范围逐年扩大，对苹果生产的危害越来越严重，已成为制约我国苹果生产发展的重要因素。

近年来，由于大量野生砧木资源减少、苹果汁加工业的发展，在苹果苗木培育中苹果籽的用量越来越大，易感染腐烂病菌的红富士苹果已成为绝对的主栽培品种，直接导致了腐烂病在我国的暴发流行；生产中化学肥料的大量施用，引发的土壤养分失衡现象越来越明显，山东等地锰中毒引发的轮纹病呈现越来越严重趋势；果实套袋在很好地控制食心虫危害的同时，为康氏粉蚧的繁殖营造了理想的环境，使其呈现泛滥发展态势等。这种种变化，给苹果生产中病虫害防治提出了新课题。生产中要以变应变，要勤于观察，应用新思维，采取新措施，切实将病虫危害控制好，保证苹果生产高效运行。

甘肃苹果生产中病虫害发生的总趋势如下。

① 苹果腐烂病仍然是果园的最主要病害，对生产的危害性依然是最严重的。

② 苹果斑点落叶病、苹果褐斑病、苹果锈病、苹果白粉病、苹果霉心病、苹果黑（红）点病、苹果黑星病、苹果疫腐病等是果园的常发性病害。

③ 苹果黄蚜、瘤蚜、卷叶蛾、食心虫、红蜘蛛、金龟子、椿象是果园的常发性害虫。

④ 金纹细蛾、介壳虫、吉丁虫、梨潜皮蛾等次生性害虫有加重为害趋势。

⑤ 苹果花脸病（锈果病）、花叶病等病毒病分布在逐年扩大，

危害不容忽视。

⑥ 生理性病害日趋严重。缺素或肥害引起的黄化、小叶、缩果、苦痘、死根、死枝等现象成为各地果园的共性问题；由不良气候引起的果锈、裂果、裂皮、日灼、汽灼、霜环等生理性病害每年交错发生。

⑦ 苹果绵蚜、苹果蠹蛾等检疫性病虫害成为果树生产的潜在威胁。

⑧ 苹果炭疽叶枯病等新发病虫害时有出现，应引起高度重视。

⑨ 病害的危害重于虫害。

⑩ 其他有害生物对新建园的危害不容乐观。中华鼢鼠、野兔是造成建园成活率低的主要原因。蜗牛在部分果园为害严重。

第五章

现代苹果生产中病虫草害防控的原则及方法

一、 防控的原则

现代苹果生产中病虫草害防控时应坚持预防为主，防治结合的基本原则。

二、 防控的方法

要以农业防控为基础，化学防控为重点，生物和物理防控为补充，以维护生态平衡、减轻损失为目标，将有害生物的危害控制在许可范围之内，保证苹果生产高产、优质、高效运行。

1. 农业防控

综合应用土、肥、水、品种和栽培措施，培育健康作物，提高植株的抗性。从生态学入手，改造害虫虫源地和病菌滋生地，减轻病虫害的发生流行。发挥农田生态服务功能，利用生物多样性，降低病虫害发生程度。

① 选择抗性强的品种。苹果品种不同，对病虫的抗性是不一样的，生产中应注意选择对当地优势病虫害抗性强的品种种植，以减轻病虫对生产的危害。

② 疏松土壤，为根系的健壮生长创造条件，促进形成强大的根系，保证树体健壮生长，提高树体的抗性，减轻危害。同时通过

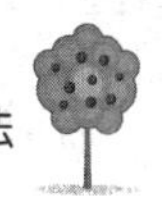

春季顶凌耙耱（图 5-1），夏、秋、冬季深翻，将在土壤中越冬的病菌、虫卵翻到地表，利用夏季高温杀灭、冬季低温冻杀。春尺蠖、梨花椿象以蛹在树冠下土壤或根颈部越冬，苹果绵蚜、蚱蝉、白星花金龟子、桃小食心虫、青刺蛾、苹梢夜蛾等以幼虫或老熟幼虫在树冠下土壤或根颈部越冬，苹毛金龟子、小青花金龟子、山楂红蜘蛛以成虫在树冠下土壤或根颈部越冬。通过深翻树盘，可将在土壤中越冬的害虫翻上地面被鸟类吃掉或冻死。

图 5-1　顶凌耙耱

③ 增施肥料（图 5-2），保障物质供给，促树健壮生长。

④ 适时适量浇水，防止树势衰弱。

⑤ 认真清园，减少病菌、虫体越冬基数，为全年防治打好基础。草履蚧以卵粒、蛹在落叶、落果、杂草内越冬，顶梢卷叶蛾、金纹细蛾以蛹在落叶、落果、杂草内越冬，绿刺蛾等以幼虫在落叶、落果、杂草内越冬，苹果卷叶蛾、黄斑卷叶蛾、银纹潜叶蛾、椿象、二星叶蝉等以成虫在落叶、落果、杂草内越冬。在果树落叶休眠后，及时清扫落叶、落果、杂草，集中烧毁，以减少越冬害虫虫源。

⑥ 采用黑膜覆盖技术，阻止地下越冬病虫出土为害（图 5-3）。

图 5-2　秋施基肥

图 5-3　黑膜覆盖

⑦ 刮树皮。苜蓿红蜘蛛、大青叶蝉、黄斑叶蝉、康氏粉蚧等以卵粒在枝干及老翘皮内越冬，旋纹潜叶蛾以蛹在枝干及老翘皮内

越冬，桃小食心虫、白小食心虫、苹小卷叶蛾、梨小食心虫、桃蛀螟、苹果透翅蛾、苹大卷叶蛾、星毛虫、桑天牛、星天牛、苹小吉丁虫、枯叶蛾等以幼虫或老熟幼虫在枝干及老翘皮内越冬，山楂叶螨以成虫在枝干及老翘皮内越冬。在休眠期刮除老翘皮，可有效减少越冬虫体，减轻虫害的发生。

2. 生物防治

在自然界生物链中，每种病虫都有天敌，生产中应充分利用天敌抑制病虫数量，减轻危害。可采取以虫治虫、以菌治虫（苏云金杆菌）、以菌治菌（浏阳霉素），以及性诱剂、迷向丝、喷洒油、灭幼脲、烟碱乳油等生物农药防治病虫害。

（1）果园中害虫的天敌　果园中害虫的天敌分为捕食性和寄生性两大类。前者主要包括瓢虫、草岭、小花蝽、蓟马、食蚜蝇、捕食螨、蜘蛛和鸟类等；后者包括各种寄生蜂、寄生蝇、寄生菌等。各种天敌都有相对应的控制害虫，其中草岭、小花蝽、瓢虫是螨类、蚜虫及蚧类的天敌，食蚜蝇是蚜虫的天敌，捕食螨是螨类的天敌，赤眼蜂可控制苹果卷叶蛾、梨小食心虫，日光蜂是绵蚜的天敌等。

（2）性诱剂　昆虫求偶交配的信息传递依赖于雌虫分泌的性外信息激素。人工合成具有相同作用的衍生物，制成迷向剂（诱芯或迷向丝）置于园间，可对相关害虫进行迷向干扰（也可用于测报），使雄虫对雌虫不能够正常定位，失去求偶交配的机会，减少后代，达到控防之目的（图 5-4）。

使用方法：目前，用于生产的昆虫性外诱芯种类有桃小食心虫诱芯、苹小卷叶蛾诱芯、金纹细蛾诱芯、苹果蠹蛾诱芯、梨小食心虫诱芯等。一般诱捕器挂于距地面 1.5 米左右的树冠内。每亩果园挂出 10 枚左右，1 月换 1 次诱芯。1 年可减少杀虫剂用量 50% 左右。

据国外的经验，迷向法一是要大面积连片使用，二要坚持连年使用，效果明显。

使用性诱剂具有以下优点。

图 5-4　性诱剂

① 对作物、人、环境无害，对天敌安全。用性诱剂控制害虫时，少喷或不喷广谱性杀虫剂，天敌就会正常增殖。性诱剂控制害虫的果园，有益昆虫的密度比用杀虫剂控制害虫的果园高 2～10 倍。而且，天敌还可控制次要害虫的发生。

② 控制时间长。诱芯可缓慢释放信息素，放 1 次诱芯可控制靶标害虫 1 个月以上。

③ 覆盖范围广。信息素扩散和集聚在有效范围内，可完全覆盖。

④ 无抗药性。抗信息素干扰交配，目前还没有发现抗药性。

⑤ 使用简便。在很短的时间内挂在树枝上即可。

（3）生物农药　是近年来广泛推广应用的对人畜安全、对环境友好、污染轻的农药类型，生物农药在使用中存在成本高、药效慢、防效较低的不足之处，因而在利用生物农药防治时应掌握“养重于防，防重于治”的原则，着重加强树势的健壮，以提高树体自身的抵抗力，做好预防，提早用药。在生物农药具体使用时应注意：药剂随配随用；在病害初发期、害虫的低龄期使用；不能与化

学药剂、酸性及碱性农药混用；在温湿度较高的情况下使用，以提高防效；要注意连续用药，最好连续应用 2～3 次，效果好。

3. 物理机械防治

根据昆虫对光、糖醋液的趋性，采取悬挂杀虫灯、粘虫板、糖醋液诱杀的方法，减轻危害。根据昆虫活动特点，在其必经之路粘贴带胶性物质的诱虫带进行杀灭。利用昆虫越冬的特性，在树体上绑草把，收集越冬害虫，集中杀灭。这些方法均有很好的控制效果。

（1）频振式杀虫灯（图 5-5）　其作用原理是利用昆虫的趋光性，运用光、波、色、味 4 种诱杀方式，近距离用光，远距离用频振波，加以色和味引诱。灯外并配以频振高压电网触杀，迫使害虫落入灯下箱内，以达到杀灭成虫、降低田间产卵量，控制危害的目的。

图 5-5　频振式杀虫灯

苹果园采用频振式杀虫灯具有诱杀虫谱广、杀虫量大的特点，主要诱杀鳞翅目和鞘翅目害虫。特别是对金龟子类、天幕毛虫、黄斑卷叶蛾、梨小食心虫、金纹细蛾的诱杀效果显著。

使用方法：在每年的4月中下旬至10月上中旬，按照每30～50亩果园安装一台频振式杀虫灯的标准，将灯安装在略高于树冠的地方，每晚8点开灯，早6点关灯（一般采用光控）。雷雨天不开灯。每3天左右清理害虫尸体1次。

（2）诱蚜粘胶板（图5-6）　利用苹果有翅蚜虫在迁飞过程中的趋黄色习性，在有翅蚜的迁飞期，用涂有粘胶的黄色板挂置园中粘捕蚜虫，控制蚜虫的迁飞扩散。尽量挂在树冠的外围，高度1.5～1.8米。每亩挂50个。

图5-6　诱蚜粘胶板

（3）诱虫带（图5-7）　苹果山楂叶螨、二斑叶螨以雌成虫越冬，卷叶蛾、苹果绵蚜以1～3龄幼虫越冬。树干翘皮裂缝下、根际土缝等场所隐蔽、避风，害虫潜藏其中越冬可有效避免严冬以及天敌的侵袭。而特殊结构的诱虫带瓦楞纸缝隙则更加舒适安全，加之木香醇释放出的木香气味，对这些害虫具有极强的诱惑力。再加上诱虫带固定于靶标害虫寻找越冬场所的必经之路上，所以果树专用诱虫带能诱集绝大多数越冬害虫个体聚集潜藏在其中，便于集中消灭。

使用方法：在我国北方果产区，上述害虫一般在8月上中旬即

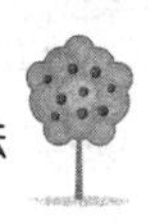

图 5-7　诱虫带

陆续开始寻找越冬场所，一直延续到果实采收后。果树诱虫带在树干绑扎适期为 8 月初，即害虫寻找越冬场所之前。使用时把诱虫带对接后用胶带或绑带绑裹于树干分枝下 5～10 厘米处，诱集越冬害虫。待害虫完全越冬休眠后到出蛰前（12 月至翌年 2 月底）解下，集中销毁或深埋，消灭越冬虫源。

（4）粘虫胶　粘虫胶及粘虫带适用于蚜、螨、尺蠖、绿盲椿象、草履蚧、粉蚧等昆虫的防治，具有无毒、无刺激性气味、无腐蚀性、黏性强、抗老化及高低温不变性（－18～60℃条件下均可保持黏度，发挥作用）等特点。

使用方法：在果树的主干或几个分枝上的树干处涂胶，涂胶处要求光滑，如果是老树，应刮除老树皮、翘皮或用泥巴将树皮的裂隙抹平，以保证涂胶紧贴树皮。或用胶带缠绕在树干上呈闭合环，然后在其上绕树皮涂一周薄薄的胶。涂胶不要太多，宽度应在 5 厘米左右，当虫口密度很高时，可适当涂宽胶环或涂两个胶环。

涂刷时注意：不同的害虫涂胶时间是不一样的。如草履蚧在 2 月中旬以后，随气温升高，连续白天温度在 10℃以上，若虫开始上树时，涂抹防治效果好；红蜘蛛可在3月初涂胶，防治效果好。胶涂上后，要防止枯枝、落叶和尘土等粘在胶环上，降低胶环的粘虫面积，影响防治效果。当胶环上粘满害虫时，要及时清除其上害虫或另行涂抹新胶环。当胶环上粘满幼虫时，可刮除幼虫。同时，在涂胶时应注意胶环应高于草坪高度，要在下垂枝够不到的地方，防止出现搭桥，造成害虫间接爬行上树，降低防效。

（5）糖醋液诱杀（图5-8）　利用害虫的趋味性，用糖醋液（糖：醋：水＝1：4：8，白酒少许）置广口容器内诱杀大体型啃食果肉的白星金龟甲、夜蛾等。悬挂高度离地面1.5米左右。每亩挂10个。

图5-8　糖醋液诱杀

4. 化学防治

使用化学农药防治病虫害仍是控制病虫危害的主要方法，在生产中具有不可替代的作用。目前生产中允许使用的农药应具有高效、低毒、低残留的特点，主要如下。

（1）生物源类杀虫、杀菌剂　如白僵菌、青虫菌、杀虫菌、齐螨素、多抗霉素、春雷霉素、井冈霉素、农抗120、武夷霉素、浏阳霉素、华光霉素等。

（2）植物源类杀虫剂　如烟碱、苦参碱、除虫菊酯、鱼藤酮、茴蒿素、大蒜素等。

（3）矿物源类杀虫、杀菌剂　如硫黄制剂、硫酸铜制剂、多硫化钡。

（4）化学合成杀虫、杀菌、杀螨剂　如灭幼脲2号和3号、除虫脲、抑太保、爱力螨克、杀螨丹、螨死净、哒螨灵、蛾螨灵、克螨特、三唑锡、苯丁锡、菌毒清、代森锰锌、大生M-45、喷克、甲基托布津、多菌灵、百菌清、扑海因、甲霜灵、雷奇等。

第六章

危害苹果的病害及防治

危害苹果的病害种类较多，地域不同，危害苹果的主要病害是各不相同的。各地应根据病害对当地苹果生产实际造成的损失情况，确定主要防治对象，以确保防治工作有的放矢。在西北苹果产区，主要常发病害有苹果腐烂病、斑点落叶病、褐斑病、白粉病、炭疽病、锈病等，苹果花脸病（锈果病）、花叶病等非潜隐性和潜隐性病毒病普遍存在，潜在危害不容忽视。近年来由于主栽品种的变化、套袋栽培措施的普及、前期降雨的增加，花腐病、霉心病、黑点病、烂果病等病害呈现逐年加重态势。黄化病、小叶病、缩果病、苦痘病、水心病等缺素病症局部地区有点状发生。由不良气侯引起的果锈、裂果、裂皮、日灼、汽灼、霜环等生理性病害每年交错发生。

第一节　病害的识别

每种病害都有其固有的形态特征，可从症状特征和发生特点进行分析判断。苹果病害可分为侵染性病害和非侵染性病害两大类。

一、 侵染性病害

侵染性病害除具有变色、变形、坏死、变味等特征外，发病中

后期在病部可见霉状物、粉状物、锈状物、点状物等病原物的特征。在田间的发生与病原物的流行条件相吻合。

按病原生物种类不同，还可进一步分为以下几类。

（1）真菌病害　苹果病害中，多数传染性病害是真菌引起的。真菌病害的发生一般与气候有密切关系，温度高、湿度大有利于真菌生长、繁殖和侵入。病害发生的时间与降雨早晚、数量、次数有直接关系，降雨时间越长、越频繁，发病越重，每次降雨后田间就会出现1次发病高峰，如苹果腐烂病、颈腐病、轮纹病、炭疽病等。

（2）细菌病害　细菌性病害在苹果生产中发生较少，常见的根癌病即为细菌性病害。

（3）病毒病害　是苹果生产中仅次于真菌病害的第二大类型，近年来随着栽培品种的频繁更换，修剪、嫁接等田间操作时工具消毒不严格、蚜虫防治不及时、有毒花粉的应用等导致苹果花叶病、锈果病发生呈现逐年上升趋势。

（4）寄生性植物病害　由寄生植物侵染引起的寄生性植物病害，如菟丝子。

（5）线虫病害　由线虫侵染引起的线虫病害，如根结线虫。

二、非侵染性病害（生理性病害）

非侵染性病害发病后只有变色、变形、坏死、变味等特征，看不到病原物特征。在田间的发生与土壤、气候的变化特征相吻合。按病因不同，还可细分为以下几类。

（1）遗传性病害或生理病害　由植物自身遗传因子或先天性缺陷引起。

（2）物理因素恶化所致病害

① 大气温度过高或过低引起的灼伤与冻害。

② 大气物理现象造成的伤害，如风、雨、雷电等引起的危害。

③ 大气与土壤水分过多与过少引起的危害，如旱、涝、渍害等。

（3）化学因素恶化所致病害

① 肥料元素供应过多或不足引起的危害，如缺素症。

② 大气与土壤中有毒物质的污染与毒害危害。

③ 农药及化学制品使用不当造成的药害等。

④ 农事操作或栽培措施不当所致病害，如密度过大、播种过早或过迟、杂草过多等造成苗瘦发黄和矮化以及不结果等各种病态。

第二节　病害的诊断

对田间病害进行科学诊断，判断植物生病的原因，确定引起植物异常的病原类型和病害种类，可为病害防治提供科学依据。首先要区分侵染性病害还是非侵染性病害。

一、侵染性病害的诊断要点

1. 侵染性病害普遍特点

① 病害有一个发生、发展或传染的过程。

② 在特定的品种或环境条件下，病害轻重不一。

③ 在病株的表面或内部可以发现其病原物存在（病征），症状也有一定的特征。大多数的真菌病害、细菌病害和线虫病害以及所有的寄生植物，可以在病部表面看到病原物。

④ 病毒病的症状以花叶、矮缩、坏死为多见。无病征。撕取表皮镜检时有时可见有内含体。

2. 具体诊断

① 真菌病害的症状特点：具有变色、坏死、腐烂、畸形、萎蔫症状；病部有霉状物、粉状物、颗粒状物、点状物等；有发病中心。

② 细菌病害的症状特点：症状类型主要有坏死、萎蔫、腐烂和畸形四类，褪色或变色的较少；病斑常为油渍或水渍状，有时有黄色晕圈，有的还有菌脓溢出。

③ 病毒病害症状特点：变色（花叶、斑驳、脉明）、畸形（如皱缩、卷叶、矮化、小叶、小果等）、坏死（坏死斑点、环斑、蚀纹等）；无病征；有发病中心（有中心病株），在田间表现为发病不均匀。

二、 非侵染性病害的诊断要点

非侵染性病害有以下共同特点。

① 没有病征。但是患病后期由于抗病性降低，病部可能会有腐生菌类出现。

② 田间分布往往受地形、地物的影响大，发病比较普遍，面积较大。

③ 没有传染性，田间没有发病中心。

④ 在适当的条件下，有的病状可以恢复。在遇到新病害或难于区分的病害时，应采用以上特征区分病害是否有侵染性。

苹果生产中的主要非侵染性病害有缺素引起的黄化病、小叶病、缩果病、苦痘病、水心病等；由不良气候引起的果锈、裂果、裂皮、日灼、霜环等。

病害按其发生数量的多少，可分为始发期（从开始发病到发病数量达5%）、盛发期（发病数量5%～95%）和衰退期（发病数量到95%以后）三个时期，其中始发期为预测和防治的关键时期。应注意适时用药，保证达到治早、治小、治了的目的，提高控制危害效果。

第三节 苹果生产中的主要病害及防治

一、 腐烂病

腐烂病为弱寄生性病害，病菌侵染后，既危害枝干，有的也危害果实。

1. 为害症状

（1）枝干症状

① 溃疡型：溃疡型病斑是冬春发病盛期和夏季在极度衰弱树上发生的典型症状。初期病部为红褐色，略隆起，呈水渍状，组织松软，病皮易于剥离，内部组织呈暗红褐色，有酒精味。有时病部流出黄褐色液体。后期病部失水干缩，下陷，硬化，变为黑褐色，病部与健部之间裂开。以后病部表面产生许多小突起，顶破表皮露出黑色小粒点，此即病菌的子座，内有分生孢子器和子囊壳。雨后或潮湿时，从小黑点顶端涌出黄色细小卷丝状的孢子角，内含大量分生孢子，遇水稀释消散。

溃疡型病斑在早春扩展迅速，在短期内常发展成为大型病斑，围绕枝干造成环切，使上部枝干枯死，危害极大。典型溃疡型病斑的演变常有以下过程：当苹果展叶、开花，进入旺盛生长期后，于春季发生的小型溃疡病斑常停止活动，被愈伤组织包围，失水变干，并多埋藏在粗皮下、树皮裂缝处、旧病疤边缘干皮下或大枝杈下基部，外边不易看出，只有刮掉粗皮才能看清楚。因此，称为深层干斑型病斑。这类病斑呈椭圆形至近圆形，红褐色或暗褐色，大小为3～5毫米乃至3～4厘米，深度为0.5～4.0毫米，多数未达到形成层。病变组织松散，与健部之间裂开，易于剥落。深层干斑型病斑在树体生长期间不活动，但入冬后可继续扩展，形成溃疡型病斑。在夏、秋季节，病害主要发生在当年形成的落皮层上，或只局限在主干、主枝的树皮表层，病斑轮廓不清，呈红色或变色不明显，大小不定，表层组织腐解，深度约2毫米，底层一般被木栓层所限。因此，称为表层皮腐型病斑（或表面溃疡型）。这类病斑也可变干，稍凹陷，表面产生一些黑色小粒点。但到晚秋初冬后，病部菌丝体可穿透木栓层，向内层扩展，终于形成典型的溃疡病斑（图6-1，见彩图）。

② 枝枯型：多发生在2～5年生的枝条或果台上，在衰弱树上发生更明显。病部红褐色，水渍状，不规则形，有轮纹，边缘清晰。病组织腐烂，略带酒糟气味。潮湿时亦可涌出黄色细小卷丝状物。迅速延及整个枝条，终使枝条枯死。病枝上的叶片变黄，园中易发现。后期病部也产生黑色小粒点（图6-2，见彩图）。

（2）果实症状　病斑红褐色，圆形或不规则形，有轮纹，边缘清晰。病组织腐烂，略带酒精气味。病斑在扩展时，中部常较快地形成黑色小粒点，散生或集生，有时略呈轮纹状排列。潮湿时亦可涌出孢子角。病部表皮剥离。

2. 发生规律

苹果腐烂病是以菌丝、分生孢子器或子囊壳在病部组织内越冬。来年借助风雨传播，有时人为活动（如修剪）、昆虫等也可传播。苹果腐烂病菌寄生性很弱。飞散在树体上的病菌不能直接侵入寄主体内，它先附着于死组织上潜伏不动，当树势衰弱，抗性降低时，方才蔓延扩展。一般从各种伤口侵入，也能够经叶痕、果柄痕、果台和皮孔侵入。病菌产生有毒物质，杀死周围的活细胞，接着菌丝向外扩展，如此不断向纵深发展，使皮层组织呈腐烂状。

年周期中具有“夏侵入，秋扩散，冬潜伏，春腐烂”的变化规律。每年3～10月在病树皮上不断有橘黄色孢子角出现侵染果树，而以3～5月侵染最多。病菌侵入后，潜伏在树体中。甘肃省自2月上旬各地即陆续出现烂皮病斑，3月初至4月中下旬病斑扩展、蔓延最快，5月、6月渐慢，8月病斑极少。6～8月间，树皮形成落皮层，外表略呈“浮肿”，皮色稍淡，容易剥离。剖开树皮组织，可以看到韧皮部外层生成新周皮，新周皮以外的组织从内向外逐渐变成暗褐色，死亡，成为落皮层。落皮层的形成，为病菌生长提供了适宜的基物。腐烂病菌就在已经完全死亡但还没有失水变干的落皮层中活动，引起病变，致使树体在7～9月间陆续发病，形成表面溃疡。

苹果树生长期，树体抗病力强，表面溃疡局限于树皮表层，仅局部扩展较深。从表面看，病斑轮廓多呈鳞片状，大小不等，有的呈半筒状，长达几厘米，外表略湿润，带红褐色，但不像春季发病那样潮湿流汁。病变组织软烂，略有酒精味，但没有春季那样强烈。9月以后，落皮层变干，有的翘离，发病减少，这时表面溃疡失水，常与干枯树皮混淆，但病组织颜色较浅，质地松散，容易挑碎。

晚秋初冬，苹果树进入休眠期，抗病能力减弱，表面溃疡组织中的菌丝集结成团，突破周皮，进入健康组织，形成咖啡色坏死点，逐渐湿润蔓延。翌年早春扩展加快，达发病高峰期。晚春，苹果树进入生长期，扩展停顿，发病盛期结束。

腐烂病菌是一种弱性寄生菌，凡导致树势衰弱的因素均可成为发病的诱因。一般管理粗放，大小年结果现象明显，荒芜放任的果园，发病率高，病势重。一般春季温暖多雨的气候有利病害的发生和流行。土壤黏重、地力差、排水不良的果园，影响树体的正常生长，会加重病害的发展。病害的发生与树龄有关，小树极少发病，幼树发病明显低于成年树，进入结果期后发病率随产量的增加而逐年增加。

3. 近年陇东苹果产区腐烂病严重发生的原因

据对陇东地区苹果栽培调查，陇东地区腐烂病严重发生的主要原因如下。

（1）砧木不适，抗性降低　陇东地区传统苹果砧木有海棠、山丁子、新疆野苹果等，近年来随着野生资源的日益减少，砧木种子价格大幅度上长，每千克野生砧木种子价格达500～600元，使育苗者望而生畏。而随着果汁加工企业的快速发展，榨汁所出的副产品——苹果籽的量急剧增加，于是有相当部分育苗基地开始采用苹果籽育苗。苹果籽育苗由于成本低，幼苗生长快，嫁接亲和力强，便于当年播种，当年嫁接，当年出圃，因而在育苗行业应用很广泛。据笔者近年调苗时调查，我国已有70%以上的苹果树苗是应用苹果籽育苗做砧。苹果籽育苗虽有以上优点，但存在寿命短、抗性差的不足之处。特别是易感腐烂病，大面积用苹果籽育苗，为腐烂病的发生蔓延创造了条件，这是近年来腐烂病严重发生的主要原因之一。

（2）气候反常，有利腐烂病的发生　近年来气候反常，春季低温冻害、夏季高温干旱、秋季雨涝高湿，均为腐烂病的流行创造了有利条件。春季乍暖还寒，使得皮层极易受冻，有利于病菌侵染；夏季高温干旱，使得树体正常生长受阻，植株抵抗力减弱；秋季高

温高湿，有利病菌繁殖侵染。气候反常，导致腐烂病呈现大流行态势。

（3）无防病特效药物　福美砷是防治腐烂病的特效药，近年来随着绿色无公害生产技术的推广，砷制剂在生产中的禁用、有效替补农药的断档，使腐烂病呈流行之势。目前生产中虽有多种防治药剂，但防效均不理想，对于腐烂病的控制效果较弱。

（4）缺肥少水，树势衰弱，树体抗病力较弱　陇东地区普遍肥源不足，特别是有机肥严重短缺，远远不能满足生产需要；降水稀少，分布不匀，春旱伏旱现象时有发生，树体正常生长受阻，树势衰弱，使树体抗病力大大减弱，易导致腐烂病大流行。

（5）过量结果，树势削弱，易染腐烂病　生产中对产量控制不力，不能均衡结果。由于受气候等因素的影响，大小年结果现象客观存在，大年往往超量结果，树体养分被大量消耗，树势被严重削弱，树体对腐烂病的抗性减弱，易感染腐烂病。

（6）不当修剪，造伤过多，导致腐烂病大发生　陇东苹果园大多建于20世纪80～90年代，生产中多采用纺锤形整形。随着生产周期的延长，果园郁闭现象日益严重，树形改造已成当务之急。改形的主要手段之一是去枝，不可避免地会造成伤口，为腐烂病的侵染创造了条件，特别是去枝较多的情况下，易导致腐烂病的大流行。

4. 腐烂病的科学防治

针对上述发病原因，陇东在防治腐烂病时，应着力抓好以下措施。

（1）把好栽植关，选择好砧苗栽植，为腐烂病防治打好基础　在建园时最好坚持苗木自繁自育。陇东最好的砧木为海棠，育苗时用海棠作砧，杜绝苹果籽育苗砧的应用。自育苗木不但砧木有保障，品种也可选优，是优质高效生产的关键环节之一。如大面积建园，外调苗木时要严格把关。一般苹果籽所育苗木较粗壮高大，粗根多，毛根少，根皮厚，色泽灰暗，韧性差，砧木处色泽暗红，皮孔大而粗，当年生苗高度多在1米以上，粗度大多在0.7厘米以上。对于这类苗木在栽植时要禁用，把好栽植关，构筑腐烂病防治的第一道防线。

（2）加强投入，保障物质供给，健壮树体，提高抗病性　在防治腐烂病时，应坚持预防为主的原则，要从提高树体的抗性入手。要加强肥水供给，让果树吃饱喝足，满足树体生长的物质需求，维持健壮的树势，减少腐烂病的发生，特别是要加强有机质的供给。可通过增施有机肥及果园种草、覆草等措施，逐步使土壤有机质含量提高到2%以上，同时要降低氮肥的施用，防止树体虚旺生长。在春季、夏季降水少，土壤墒情差时，要及时补水，防止树势衰弱。

（3）限产防弱，降低病害的发生　在苹果生产中要严格控制产量，通过疏花疏果将亩产量控制在3000千克以内，防止产量忽高忽低，对树体养分掠夺式利用。防止过量结果，树势急剧衰弱，树体抗病性减弱，引发腐烂病大发生。

（4）控制伤口，减少侵入　伤口是腐烂病病菌侵入的门户，在生产中应尽量少造伤，防止病菌的侵入，冬春季树体涂白，防止皮层温度剧烈变化，导致冻伤。

冬季修剪造成的伤口，是腐烂病侵染的主要途径之一，冬剪时保护好伤口，就可大幅度降低腐烂病的发生。以下措施可很好地保护伤口，有效控制腐烂病的发生。

① 锯剪锋利，剪前消毒：一般剪口平而光滑，则伤口愈合快，腐烂病发生率低，因而修剪时用的剪子、锯子一定要锋利。剪锯锋利，不但修剪时省力省工，而且剪锯后伤口平整光滑。另外，剪刀、锯子是腐烂病的主要传播者，在修剪前一定要消毒，实行无菌作业，防止工具传染病菌，特别是修剪过腐烂病树病枝的工具千万不能用于健树的修剪。消毒时可用多种方法进行：一是可用酒精或高浓度白酒擦洗剪刀、锯子；二是可用开水浸泡剪锯消毒；三是可用碱水擦洗剪锯消毒；四是可用大蒜涂擦剪刃、锯刃。

② 修剪方法正确，伤口整理精细：锯枝时锯背要紧贴主干或大枝，剪锯口应呈马蹄形，以防积水；疏枝时应尽量疏尽，不要留

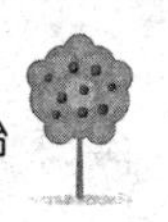

桩。剪锯后发毛的茬口应用快刀刮光，破裂皮层铲平，以利伤口愈合。

③ 及时涂抹愈合剂，防止伤口干裂：冬春季多风，剪口锯口易干裂，对伤口应及时涂抹愈合剂，防止伤口失水干裂，应争取做到伤口裸露不过夜。所用愈合剂质量要好，尽量选择含有胶原物质、抹后能成膜的，少选择强腐蚀性的，防止导致烂皮。如果修剪工具锋利，没有感染病菌，剪锯口平整光滑，也可用油漆涂抹伤口，以防失水。

④ 包扎伤口，促进愈合：一般相对较高的温度、湿度和弱光条件有利愈伤组织产生，因而对修剪所造成的伤口可进行包扎，以创造有利伤口愈合的环境条件，促进伤口愈合。在静宁果产区伤口包扎有两种方式，一种是用新塑料薄膜对伤口包扎，另一种是在涂抹愈合剂后在伤口上贴一块比伤口略大的苹果袋内袋蜡纸，效果都很好。

（5）掌握规律，适期用药防治　一般腐烂病每年有 1 次侵染高峰，2 次发病高峰期，8～9 月，田间湿度大，有利于病菌繁殖扩散，树体结果消耗养分多，抗病力弱，是最易侵染的时期。病菌侵染后，潜伏危害，11 月落叶后，出现第 1 次发病高峰。冬季低温冻害及修剪会造成许多伤口，在春季 3 月底至 4 月初，会出现第 2 次发病高峰，因而要抓住关键时期防治。通常应把握以下关键环节。

一是在 6～7 月枝干涂抹 1 次 100～200 倍液龙灯福连或 3%果康宝（甲基硫菌灵）10 倍液、160～200 倍金力士杀灭枝干上的腐烂病菌，腐烂病发生严重的果区，在果实采收后再涂 1 次，对预防腐烂病非常重要。

二是在 10～11 月剪除病枝，刮除病疤，涂石硫合剂原液或 50～100 倍液龙灯福连、160～200 倍金力士＋800 倍柔水通（即用 4～5 千克水，加 5 毫升柔水通，搅拌均匀后倒入 25 毫升金力士药液，搅匀后涂刷病斑），进行伤口保护；全树喷 5 波美度石硫合剂，进行树体保护。

三是第二年3～4月细致检查树体，刮除腐烂病斑（图6-3，见彩图），涂抹长效剂或5%安素菌毒清、或25%灭腐灵、或9281神农液（菌杀特）、或果康宝、或腐烂救星、或腐烂生皮宝、或击腐、或梧宁霉素、或绿云伤口愈合剂等进行治疗（图6-4，见彩图），树体相应喷药进行保护。在树体喷药时，一定要细致周到，主干、主枝、树杈处均要喷布到，不留死角，杀灭病菌，减轻危害。

四是侵染高峰期用药。3～5月是腐烂病菌孢子集中传播的主要时期，可结合防治其他病虫害，在花序分离期、落花后、套袋前用大生、仙生、甲基硫菌灵等广谱性杀菌剂杀灭病菌。喷药时注意整个树干要喷淋到，防止漏喷。特别是在发芽前喷200倍液菌立灭2号，可在树体表皮形成一层强力保护胶膜，有效封杀越冬病原菌；喷施施纳宁可有效杀灭枝干表面病菌，对枝干潜伏病菌也有较好的抑制作用；生物制剂农抗120、S-921、腐必清因其有效的杀菌作用和绿色环保的特点，越来越广泛地被应用。

五是在采果后15～20天全树喷1次金力士4000倍液、龙灯福连500～1000倍液，保护果台、叶痕、果柄痕等自然伤口。

（6）应用桥接技术，保障树体旺盛生长，防止出现腐烂病导致树势衰弱的现象　树体上出现腐烂病斑后，地上地下物质交流的途径受阻，会导致树势衰弱，影响果实产量和质量。生产中可利用病斑以下所产生的萌蘖，对树体进行桥接，以保证物质运输途径的畅通，防止出现树势衰弱现象（图6-5，见彩图）。

二、　干腐病

1. 为害症状

干腐病主要为害弱树的枝干，引起干腐型病斑和溃疡型病斑。

干腐型病斑表现为稍凹陷的黑褐色不规则形干硬斑，病健交界明显，病斑表面密生灰褐色小粒点（分生孢子器），潮湿时溢出灰白色的孢子团。幼树多从嫁接口或砧木剪口处发病，产生黑褐色稍凹陷的干硬斑，后迅速扩展，使幼树枯死，病部表面密生小粒点（图6-6，见彩图）。

溃疡型病斑使皮层稍隆起，病斑表面湿润，有茶褐色汁液溢出，后期病部干缩凹陷，病健交界明显，病斑表面密生灰褐色小粒点（图 6-7，见彩图）。

2. 发生规律

干腐病菌以菌丝体、分生孢子器和子囊壳在病枝干或病残体上越冬，病菌孢子（主要是分生孢子）借风雨传播，从伤口和皮孔入侵，5～11 月均可发病。老树、弱树、缓苗期的苗木易发病，干旱季节和干旱地区发病重，土壤瘠薄、管理不善的果园易发病，树体伤口多，易发病。

3. 防治措施

① 选用健苗定植，栽植深度适当，避免深栽，移栽时施足底肥，灌透水，缩短缓苗期。

② 加强新栽幼苗的管理，对土壤进行深翻；增施有机肥；干旱季节及时灌水。防止冻害，避免各种机械伤口或虫害伤口。

③ 剪除病虫枯枝，不用病枝做支撑物和果园篱笆。

④ 喷药保护，发芽前喷 3～5 波美度石硫合剂或 35%轮纹病铲除剂 100～200 倍液。发芽盛期前，结合防治轮纹病、炭疽病喷 2 次 1∶2∶200 波尔多液、50%退菌特 800 倍液、35%轮纹病铲除剂 400 倍液、50%复方多菌灵 800 倍液、福星 5000 倍液或梧宁霉素 400 倍液，杀死潜伏于枝干伤口、病斑及侵入表皮的病菌。

⑤ 发现病斑及时刮除，并用抗菌剂 402 消毒伤口，或用刀划破表皮涂 10 波美度的石硫合剂，或 4～5 倍 9281 稀释液、或 50～80 倍腐必清乳剂、或 2%农抗 120 的 20 倍液、或 843 康复剂、或 5%菌毒清水剂 30 倍液、或 10～15 倍强力轮纹净、或福星 500～600 倍液涂抹病疤对伤口进行涂抹。

⑥ 搞好重刮皮。夏季在果树生长期对苹果树枝干进行重刮皮，减少病菌侵染扩展及致病机会，可及早和有效地防止腐烂病疤复发。具体方法是在树体愈合能力强的 6～8 月，最好选择雨后晴天，用锋利的刮刀将主干、主枝基部树皮的表层刮去 1 毫米左右活组织。刮时要注意检查旧病疤和刮净病变组织，对树杈和树皮较薄的

部位要细心刮，防止刮透树皮，刮后不要涂药，以利愈合。注意：早春和晚秋或天气干旱时不宜进行，以免愈合不良，削弱树势。

三、 颈腐病

1. 为害症状

颈腐病是由真菌引起的病害，病菌随病组织在土壤中越冬，主要为害果实、树的根颈部及叶片。受病害侵染的果实表面产生不规则、深浅不匀的暗红色病斑，边缘不清晰似水渍状。果肉由内及外褐变腐烂，果形呈皮球状，有弹性，病果极易脱落。根颈部受害后，会出现皮层腐烂。

2. 发生规律

病菌在土壤中越冬，遇有降雨或灌溉时，形成游动孢子囊，产生游动孢子，随雨滴或流水传播蔓延，会出现侵染小高峰。如果果树根颈部有伤口，病菌会侵入皮层，还会造成根颈部腐烂。一般通风透光不良，地势低洼，园子周围杂草丛生，下垂枝多，局部潮湿的情况下发病重。不同品种间感病时有差异。目前栽培的品种中，元帅系是易感病品种，富士系次之。

3. 防治措施

① 细致清园，减少病菌越冬基数，减少发病机会：颈腐病病菌随病残体在土壤中越冬，认真清除病残体，及时清理落地果实并摘除树上病果、病叶，集中深埋或烧毁，可有效降低发病率。

② 合理调节树体，以抑制病害的发生：由于颈腐病病菌是以雨水飞溅为主要传播方式，果实离地面近则易受侵染而发病，高留枝可避免侵染危害，因而主干上留枝高度应适宜。通常情况下，所留枝离地面高度应在 80 厘米以上，同时要适量留枝，亩留枝量应控制在 8 万条以下，保持良好的通风透光性，以控制病害的发生。

③ 喷药保护：在 3～10 月结合防治其他病害，喷施 80％大生 M-45 可湿性粉剂 800 倍液或 10％苯醚甲环唑 2000 倍液、福星 6000 倍液等进行保护，以减轻病害的发生。防治颈腐病时，在喷

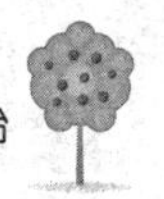

药时重点应喷树冠下部的果实和叶片及树干，特别是根颈部。要采用淋洗式喷药的方式，以求彻底杀灭病菌，阻止侵染。

④ 刮除病斑：根颈部发病的植株，于春季扒土晾根，刮除腐烂变色的部分，用3～5波美度石硫合剂、腐必清乳剂50～80倍液、2%农抗120的20倍液或5%菌毒清水剂30倍液对伤口进行涂抹，消毒伤口。换无病新土培根部，培土要高于地平面，以利排水，必要时可采用桥接的方法，以利树势恢复。

四、 花腐病

1. 为害症状

苹果花腐病为真菌性病害，为害叶、花序、幼果及嫩枝，花和幼果发病较重，叶、花、幼果和嫩枝受害后会造成叶腐、花腐、果腐和枝腐。

(1) 叶腐　展叶后2～3天开始发生。叶片染病，初在叶尖、叶缘或叶脉两侧出现红褐色不规则病斑或不规则形小斑点，多沿叶脉从上向下蔓延扩展到叶片基部，致病叶萎蔫下垂或腐烂，形成叶腐。

(2) 花腐　染病叶片在花序中发病时，常蔓延至叶柄基部，这时菌丝从花序基部侵入，致花梗染病变褐或腐烂，病花或花蕾萎蔫下垂，呈红褐色，形成花腐（图6-8、图6-9，见彩图）。

(3) 果腐　果实染病，系病原菌经花的柱头侵入，进入胚囊，穿过子房壁向外扩展，当幼果长到豆粒大时，病果表面即出现褐色病斑。病斑表面渗出黏液，有发酵气味。严重的幼果果肉变褐腐烂，造成果腐。病果失水后成为僵果。

(4) 枝腐　叶腐、花腐或果腐蔓延至新梢后，病菌经叶柄、果梗向枝条蔓延，即形成深褐色溃疡。当病斑绕枝一周时，致病部以上枝条枯死，造成枝腐。

2. 发生规律

花腐病菌以菌核在上一年落地的病果、病叶和病枝上越冬，第2年春季苹果展叶期，若土壤温湿度适宜，菌核萌发形成子囊盘，放射子囊孢子。一般在土温2℃，相对湿度30%以上时菌核开始萌发。子囊孢子成熟后随风传播，侵害嫩叶和花器，引起叶腐和花腐。叶腐潜育期6～7天。病花产生大量分生孢子，从雌蕊柱头侵入子房，引起果腐，潜育期9～10天，后引起枝腐。

春季苹果树萌芽展叶时的气候对病害的发生影响最大。此期多雨低温，有利于菌核萌发和子囊孢子的形成与传播侵染，果腐大发生的条件是花期低温配合多雨，低温则花期长，侵染机会增多。若春季清园不彻底、措施落实不到位、施药不均匀、树体喷洒留有死角，则病菌越冬基数降不下来，危害程度会加重。树势衰弱时，树体抗病力弱，发病严重。

3. 防治措施

① 清扫果园，清除初侵染源。应认真搞好早春和初冬的2次清园工作，将病枝、僵果、病叶清理出园，喷施3～5波美度石硫合剂，杀灭病菌，控制田间病菌数量，为全年防治打好基础。

② 果园深耕，深埋病菌，地面施药，减少病菌数量。

③ 喷药预防：往年已有花腐病发生和危害的果园，分别在萌芽期、初花期和盛花期各喷1次杀菌剂，选用的药剂有35%戊唑·多菌灵悬浮剂600～800倍液、50%多菌灵悬浮剂600～800倍液、40%嘧霉胺悬浮剂1000～1500倍液、3%多抗霉素可湿性粉剂300倍液等。受害较轻的苹果园，在展叶初期喷洒70%甲基硫菌灵可湿性粉剂700倍液、0.4波美度石硫合剂或75%百菌清可湿性粉剂750倍液，间隔4天再喷1次。预防果腐要在开花盛期喷洒50%多菌灵可湿性粉剂500倍液或70%甲基硫菌灵可湿性粉剂700倍液1次。

④ 摘除病果：结合疏花疏果，及时摘除病果，摘时应连同果柄一起摘掉。

五、 斑点落叶病

1. 为害症状

苹果斑点落叶病又称褐纹病，主要为害叶片，还可为害叶柄、1年生枝条和果实。叶片病斑初呈褐色圆形，后扩大为红褐色，边

缘紫褐色，中央常具一深色小点或同心轮纹，天气潮湿时，病部正反面均长出墨绿色至黑色霉状物（病菌分生孢子梗和分生孢子）。高温多雨季节，病斑迅速扩大，呈不规则形。果实染病，产生黑点型、疮痂型、斑点型和果点褐变型四种症状类型，其中斑点型最常见（图 6-10，见彩图）。

2. 发生规律

苹果斑点落叶病的病菌以菌丝体在病叶、枝条或芽鳞上越冬，翌年春季产生分生孢子，随气流、风雨传播，从叶的气孔或直接从表皮侵入，侵染春梢叶片。病害的流行与叶龄关系密切，以叶龄 20 天内的嫩叶易受侵染，30 天以上的叶不再感病。花期前后开始出现病叶，6 月下旬至 7 月上中旬是春梢为害高峰。发病盛期在 7～8月，9 月上中旬进入秋梢为害高峰。一直为害到 10 月中旬。每叶平均病斑 5 个以上即开始出现落叶。气候条件与该病流行关系密切。一般春季苹果展叶后，雨水早而多、空气湿度在 70%以上时，发病早而重。果园密植，树冠郁闭，空气湿度大，杂草多，透风不良，有利于发病。不同苹果品种抗病性不同，一般目前生产中栽培的元帅系品种及红富士易感病。

3. 2010 年陇东苹果斑点落叶病严重发生原因的调查

斑点落叶病是苹果生产中的常发病之一，在正常年份，陇东由于降水较少，空气干燥，发生较轻，对苹果生产危害较小。2010 年却严重发生，表现出危害范围大、症状出现早、斑点多、落叶重的特点，非常不利于营养积累。笔者经调查认为，2010 年陇东斑点落叶病严重发生的原因如下。

（1）用药时间不当　斑点落叶病具有侵染早、发病迟、潜伏期长的特点，一般在陇东发生轻，对其防治没引起重视，用药时间较迟，影响了防治的效果。一般斑点落叶病菌在地面的叶片上越冬，次年气候适宜时产生分生孢子，借风雨传播。病菌的侵染及传播与空气湿度关系密切。陇东正常年份，春季降水少，空气干燥，发病迟，多在 6～7 月发病。2010 年气候反常，春季降水较多，从 4 月中旬开始小雨不断，空气潮湿，非常有利于病菌的侵染传播。而频繁的降雨，使用药的间隔时间拉长，2次用药间隔多在10天以上，影响了控制效果。加之降雨的淋洗，导致叶片着药量减少，使得防治大打折扣。

（2）药物质量不高　据对农药的抽样检测，农药有效成分含量不足已成普遍现象，果农仍按传统用量防治，很难达到控制效果。

（3）降雨较多，有利病菌侵染蔓延　2010年4～7月，陇东降雨多，空气湿度大，非常有利斑点落叶病病菌的侵染的蔓延，导致斑点落叶病严重发生。

（4）树冠郁闭，通透性差的果园发病较重　甘肃省静宁县李店河流域及葫芦河流域川区苹果发展早，栽培时间长，果园郁闭现象明显，通透性差，发病较重；而山区由于苹果种植时间短，果园通透性好，发病较轻。

（5）树势衰弱的果园发病偏重　根据调查，肥水供给欠缺，结果较多，树势衰弱的果园，斑点落叶病发生较重；而肥水供给充足，结果适量，树势强健的果园，斑点落叶病发生较轻。

4. 防治措施

防治苹果斑点落叶病，以化学防治为主，以清洁果园等措施为辅。

① 冬季认真搞好清园，清理果园内所有落叶和病枝，减少初始菌源。

② 正确应用调节措施，改善果园通风透光，减少病菌侵染的机会。

③ 化学防治：重点保护春梢，压低后期菌源，秋梢旺长期也是防治的关键时期。多抗霉素防治斑点落叶病有特效，铜制剂、多菌灵、甲基托布津几乎无效。发病初（5月）可喷多氧霉素、异菌脲、戊唑醇等杀菌剂。

应加强田间观察，当病叶率达10%时，开始用药，从花后开始连续喷药3次，可选用10%宝丽安1500倍液或43%的戊唑醇3000倍液、或70%代森锰锌可湿性粉500倍、或800～1000倍液的80%大生M-45、或0.3%四霉素水剂600～800倍液、或10%的

多氧霉素 800～1000 倍液、或 3%多抗霉素 800～1000 倍液、或 25%丙环唑 5000～6000 倍液、或 10%苯醚甲环唑（世高）2000 倍液，均有较好的防治效果。

六、 苹果褐斑病

1. 为害症状

主要为害叶片，也能侵染果实和叶柄。树冠下部和内膛叶片先发病。发病初期叶片上出现褐色小点，后扩展为 0.5～3.0 厘米的褐色大斑，边缘绿色，不整齐，故有绿缘褐斑病之称。病斑表面有黑色小粒点和灰白色菌索。受害严重时叶片变黄，但病斑周围仍保持绿色，形成绿色晕圈，并易早期脱落。叶片为苹果制造光合产物的场所，叶片早期脱落，不利光合产物积累，会导致树势衰弱，严重影响苹果的产量和质量，不利生产效益的提高，因而生产中有“不怕苹果结得少，单怕苹果落叶早”的说法。

病斑在脱落的叶片上仍可扩展。病斑可分为三种类型。

① 同心轮纹型。叶片发病初期，在正面出现黄褐色小点，逐渐扩大为直径 10～25 毫米圆形病斑。病斑中心为暗褐色，四周黄色，外有绿色晕圈。病斑中央产生许多呈同心轮纹排列的黑色小点（即分生孢子盘）；背面中央深褐色，四周浅褐色，无明显边缘。

② 针芒型。病斑呈针芒放射状向外扩展，无固定的形状，边缘不定，暗褐色或深褐色，上散生小黑点。病斑小，数量多，常遍布叶片。后期叶片逐渐变黄，病部周围及背部仍保持绿褐色。

③ 混合型。病斑很大，暗褐色，近圆形或不规则形，其上亦产生小黑点，但不呈明显的同心轮纹状排列。后期病斑中央变为灰白色，边缘仍保持绿色，有时边缘呈针芒状。多个病斑可相互连接，形成不规则形大斑（图 6-11、图 6-12，见彩图）。果实发病，初为淡褐色小点，渐扩大为近圆形病斑，褐色，稍下陷，边缘清晰，直径 6～12 毫米，散生黑色小点。病斑表皮下果肉变褐，坏死组织不深，呈海绵状干腐（图 6-13，见彩图）。叶柄发病，产生黑褐色长圆形病斑，常常导致叶片枯死。严重发生时，会导致大量叶

片脱落，严重影响树势（图 6-14，见彩图）。

2. 发生规律

病菌以菌丝、菌索、分生孢子盘或子囊盘在落地的病叶及枝干的病部越冬，冬季温暖潮湿是病叶与落叶上子囊盘形成的必要条件。翌年春季遇雨产生分生孢子。分生孢子的传播和侵入需要有水，随风雨传播，多从叶片的气孔侵入，也可以经过伤口或直接侵入。潜育期随气温的升高而缩短，一般 6～12 天。一般 5 月中下旬开始发病，7～8 月为发病盛期，10 月停止扩展。不同地区、不同品种发病时间有差别。病菌从侵入到引起落叶约 13～55 天。降雨早而多的年份发病较重。地势低洼、树冠郁闭、通风不良的果园发病重。多数苹果品种容易感病。

3. 防治措施

① 加强清园，降低初侵染源，减轻危害。

② 化学防治：褐斑病 5 月下旬至 6 月初的首次施药十分重要；7～8 月多雨季节连续喷药是控制流行的关键。防治褐斑病首选药剂为戊唑醇，可用 43％的戊唑醇 3000 倍液喷防，另外波尔多液、世高、大生 M-45、福星等均有很好的防治效果。特别是 8 月下旬用 10％苯醚甲环唑（世高）2000 倍液＋80％大生 M-45 可湿性粉剂 800 倍液混喷，控制效果明显。在具体防治时应抓好以下几个关键环节，以提高防治效果。一是早用药，在发病前 7～10 天开始喷药，预防越冬病菌进行初侵染；二是雨季连续喷药，控制病害的流行；三是提高喷药技术，保证喷药质量；四是选用有效药剂，保证喷药效果。

七、 白粉病

苹果主要常发病害之一，我国苹果产区发生普遍。

1. 为害症状

白粉病主要为害苹果实生大苗，大树芽、梢、嫩叶，也为害花及幼果。病部满布白粉是该病的主要特征。幼苗被害，叶片及嫩茎上产生灰白色斑块，发病严重时叶片萎缩、卷曲、变褐、枯死，后

期病部长出密集的小黑点。大树被害，芽干瘪尖瘦，春季发芽晚，节间短，病叶狭长，质硬而脆，叶缘上卷，直立不伸展，新梢布满白粉。生长期健叶被害则叶面不平，叶绿素浓淡不匀，病叶皱缩扭曲，甚至枯死。花芽被害则花变形，花瓣狭长、萎缩。幼果被害，果顶产生白粉斑，后形成锈斑（图 6-15，见彩图）。

2. 发生规律

病菌以菌丝在冬芽鳞片间或鳞片内越冬。翌春冬芽萌发时，越冬菌丝产生分生孢子，此孢子靠气流传播，直接侵入新梢嫩叶。病菌侵入嫩芽、嫩叶和幼果主要在花后 1 个月内，4～5 月春梢生长期为发病盛期。生长季病菌陆续侵害叶片和新梢，新梢上产生有性世代，子囊壳放出子囊孢子进行再侵染。7～8 月秋梢生长期产生幼嫩组织时病梢上的孢子侵入秋梢嫩芽，形成二次发病高潮期。10 月以后苹果白粉病很少发生。春季温暖、空气干燥时发病较重。生产中大面积栽植的秦冠、红富士、元帅系品种为易感品种。

白粉病分生孢子萌发侵入的最适温度为 21℃，最适湿度为 100%，生长季节病害的潜育期 3～6 天。孢子的传播与气温及雨量有密切关系。当春季气温逐渐升高时，孢子传播的数量即增多，而降雨，尤其是暴雨，可使孢子数量骤然减少。一般当温度在 21～25℃之间，湿度在 70%以上时，有利于孢子繁殖与传播，而高于 25℃有阻碍作用。该病的发生流行与气候、栽培条件及品种有关，春季温暖干旱，夏季多雨凉爽，秋季晴朗有利于该病的发生。连续下雨会抑制白粉病的发生。病原菌是专化性强的严格寄生菌。果园偏施氮肥或钾肥不足、种植过密、土壤黏重、积水过多时发病重。果树修剪方式直接与越冬菌源的数量有关。轻剪有利于越冬菌源的保留和积累。

3. 防治

（1）清除病源　结合冬剪，剪除病梢，春季萌芽后，剪除受害新梢，控制病源。

（2）增强树势　增施有机肥及磷、钾肥，疏除过密枝条，加强结果枝的更新，促使树势、枝势健壮，提高抗病能力。

（3）喷药控制　化学防治的关键时期为萌芽期和花前花后。防治药剂中硫制剂对此病有较好的防效。春季发芽前细致喷1次5波美度石硫合剂，对白粉病的发生控制效果好；花前喷0.3～0.5波美度石硫合剂、或50%多菌灵可湿性粉剂1000倍液、或12%腈菌唑可湿性粉剂2000～2500倍液、或20%三唑酮乳油3000～4000倍液、或40%福星8000～10000倍液、或4%农抗120生物杀菌剂600倍液。花后7～10天喷施40%信生可湿性粉剂8000倍液、或果病安800～1200倍液、或6%乐必耕可湿性粉剂1000倍液防治。

（4）正确用药　喷药时坚持从里到外，从上到下的顺序进行，要用小孔径多的喷头，不用或少用喷枪，以确保雾化程度高，促使药剂均匀着落于叶面和果面，提高防效，同时降低药液喷施量。

八、炭疽叶枯病

1. 为害症状

苹果炭疽叶枯病病菌又称为叶枯炭疽病菌，是一种新的强致病力的菌种，具有传播速度快、发病迅猛的特点。由该菌引起的苹果叶枯病初期症状为褐色不规则小点，稍下陷，随着病斑的不断扩展，病斑呈黄或红褐色，有时颜色深浅不一，病斑周围常有不规则晕圈，略呈放射状。后期病斑渐变为灰白色，条件合适时，病斑上便会产生似轮纹病的分生孢子盘、子囊壳或分生孢子团。叶背面病斑为褐色。病斑呈圆形、椭圆形、长条形或连片成不规则形。在高温高湿条件下，病斑扩展迅速，一二天内可蔓延至整叶片，致全叶变黑坏死。发病叶片失水后呈焦枯状，随后脱落。当环境条件不适宜时，病斑停止扩展，在叶片上形成大小不等的枯死斑，病斑周围的健康组织随后变黄，病重叶片很快脱落。当病斑较小、较多时，病叶的症状酷似褐斑病的症状（图6-16、图6-17，见彩图）。将病叶喷水置于塑料袋中保湿1～2天后，病斑上形成大量淡黄色分生孢子堆，这是鉴别该病的最简单方法。病菌侵染果实后形成直径2～3毫米的圆形黑色坏死斑，病斑下陷，周围有红色晕圈。

苹果炭疽叶枯病主要危害嘎拉、金冠、秦冠等品种，富士系、

元帅系品种表现抗病。

2. 发生规律

苹果炭疽叶枯病病菌以菌丝体在病僵果、干枝、果台和有虫害的枝上越冬，5月条件适宜时产生分生孢子，成为初侵染源。病原孢子借雨水和昆虫传播，经皮孔或伤口侵入叶片、果实。可多次侵染，潜育期一般7天以上。分生孢子萌发最适温28～32℃，菌丝生长最适温28℃。苹果炭疽叶枯病最早于7月开始发病，发病高峰主要出现在7～8月连续阴雨期。

3. 防治措施

应以控制病菌的传播扩散并采取预防为主的防控措施。

（1）认真清园　已发生过苹果炭疽叶枯病的果园，可于10月和翌年4月发芽前各喷1次硫酸铜100倍液，以铲除越冬病菌。

（2）适时喷药防治　由于苹果炭疽叶枯病主要在7月雨季高温期侵染发病，为此在6月底7月初喷施保护性杀菌剂，可很好地控制该病的发生。药剂可选用1∶2∶200波尔多液等。复配制剂防治炭疽叶枯病效果好，一般在落花后10天开始交替喷30％醚菌酯悬浮剂3000倍液、25％吡唑醚菌剂乳油2500倍液或60％唑醚•代森联水分散粒剂1500倍液、30％戊唑•多菌灵1000倍液防治，喷药间隔期15天左右，共喷4～5次。

九、 苹果锈病

1. 为害症状

是由胶锈菌引起的真菌病害。该菌是一种转主寄生菌。在苹果树上形成性孢子和锈孢子，在桧柏上形成冬孢子，后萌发产生担孢子，共四种孢子。苹果叶片正面产生性孢子器、性孢子。性孢子无色，单胞，纺锤形。叶背面产生锈孢子器、锈孢子。锈孢子球形或多角形，栗褐色、单胞、膜厚，有瘤状突起。

主要为害叶片、新梢、果实等部位。叶片先出现橙黄色、油亮的小圆点（图6-18，见彩图）。性孢子变黑，病部组织增厚、肿胀。叶背面或果实病斑四周，长出黄褐色丛毛状物（锈孢子器）

（图 6-19，见彩图）。果实发病，多在萼洼附近出现橙黄色圆斑，直径 1 厘米左右，后变褐色，病果生长停滞，病部坚硬，多呈畸形（图 6-20，见彩图）。

寄主：桧柏。在桧柏小枝上越冬。于小枝一侧或环绕枝形成球状瘿瘤。瘤径 3～5 毫米，后中心部隆起、破裂，露出冬孢子角。冬孢子角深褐色，鸡冠状，遇春雨后呈花瓣状，称“胶花”。

2. 发生规律

以菌丝体在桧柏菌瘿中越冬。翌年春形成冬孢子角。冬孢子萌发产生大量担孢子，随风传播，可传播至 2.5～5 千米的范围，落在苹果树的叶片、叶柄、果实及当年新梢上，形成病斑。在病部产生性孢子器和性孢子、锈孢子器和锈孢子。性孢子结合形成双核菌丝，再发育成锈孢子器。锈孢子成熟后，秋季再随风传到桧柏树上，形成菌丝体、菌瘿越冬，完成生活史。

苹果锈病的发生必须满足以下两个条件。

一是果园周围 2.5 千米范围内有桧柏、欧洲刺柏、圆柏、龙柏、翠柏等转主寄主植物存在。

二是春雨早而雨量多。春季 4～5 月多雨引起病害的流行，此期多雨有利于桧柏枝上的菌瘿中越冬的冬孢子角萌发形成担孢子。在苹果展叶后如遇阴雨连绵，有利于病菌孢子产生、传播和侵染，则锈病发生严重。

3. 防治方法

根据苹果锈病的发生特点，防治上只要抓好以下两项防治措施便可有效地控制该病的流行与危害。

（1）清除越冬病菌　苹果产区禁止种桧柏。风景旅游区有桧柏的地方，冬春应检查桧柏上的菌瘿、“胶花”是否出现，及时剪除，集中销毁。春雨前在桧柏上喷 1～2 次 3～5 波美度石硫合剂或 1∶1∶150 波尔多液。

（2）苹果树上喷药保护　在具备发病条件的地区，花后 1 个半月内喷药 2～3 次，预防该病。展叶后，在瘿瘤上出现的深褐色舌状物未胶化之前喷第 1 次药。在第 1 次喷药后，如遇降雨在 6 小时

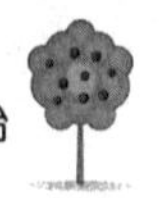

以上，则雨后5天内要立即喷药，共喷2～3次。可用10%福星6000倍液、或龙灯福连1000～1200倍液、或40%信生可湿性粉剂8000倍液、或25%丙环唑6000～7000倍液、或43%戊唑醇悬浮剂4000倍液、或20%三唑铜（粉锈灵）可湿粉1000～1500倍液、或30%绿得保300～400倍液、或97%敌锈钠可湿性粉剂250倍液、或50%甲基硫菌灵可湿粉600～800倍液、或12%腈菌唑可湿性粉剂2000～2500倍液等，均有良好的防效。

十、 花叶病

1. 为害特征

苹果花叶病属系统性侵染的病毒病害，其症状主要表现在叶片上。由于苹果品种、病毒株系以及患病程度等的不同，其症状变化很大，一般可分为三种类型：一是重花叶型，夏初叶片上出现鲜黄色后变为白色的大型褪绿斑区，幼叶沿脉变色，老叶易出现坏死斑；二是轻花叶型，只有少数叶片出现少量黄色斑点；三是沿脉变色型，主脉及侧脉沿脉变色特别明显，常形成黄色网纹（图6-21，见彩图）。

2. 发生规律

苹果花叶病毒主要靠嫁接传染，通过接穗或砧木远距离传播，不能汁液传毒。光照较强、土壤干旱及树势衰弱，有利于症状显现，所以症状表现时轻时重，有时出现隐症现象。金冠、秦冠等品种发病较重。

3. 防治措施

① 培育无病苗木，选用无病接穗和砧木。利用弱毒株系干扰病毒控制病害，即使弱毒株系没有遍及全株，也有防治效果。

② 发现病苗及时拔除烧毁，以防传播。

③ 对感病的成年大树，要加强肥水管理，增强树势，这是减轻花叶病发展的根本措施。生产中通过增施磷、钾和有机质肥料，也能使严重的病势显著减轻，并正常结果。深沟高畦，搞好田间排灌系统，并注意及时排灌，能抑制花叶病的发展。改善光照，特别

是对喜光性强的品种，修剪时必须注意树冠的开展和保持一定的叶幕距，可以提高叶功能，减少病叶变黄脱落。

十一、 轮纹病

1. 为害特征

主要为害枝干和果实，有时也为害叶片。病菌侵染枝干，多以皮孔为中心，初期出现水渍状的暗褐色小斑点或小溃疡斑，逐渐扩大形成圆形或近圆形褐色瘤状物，直径达1厘米左右，病部与健部之间有较深的裂纹。后期病组织干枯并翘起，中央突起处周围出现散生的黑色小粒点（分生孢子器和子囊壳），裂缝逐渐加深但不达到木质部，病组织翘起如马鞍状（图6-22，见彩图），有的可剥离。在主干和主枝上瘤状病斑发生严重时，病部树皮粗糙，呈粗皮状（图6-23，见彩图）。后期常扩展到木质部，阻断枝干树皮上下水分、养分的输送和储存，严重削弱树势，造成枝条枯死，甚至死树、毁园的现象。

果实进入成熟期和储藏期陆续发病。发病初期在果面上以皮孔为中心出现圆形、黑至黑褐色小斑，逐渐扩大成轮纹斑（图6-24，见彩图）。略微凹陷，有的短时间周围有红晕，下面浅层果肉稍微变褐、湿腐。后期外表渗出黄褐色黏液，烂得快，腐烂时果形不变。整个果烂完后，表面长出粒状小黑点，散状排列。后期失水变成黑色僵果。

叶片发病产生近圆形具有同心轮纹的褐色病斑或不规则形的褐色病斑，大小为0.5～1.5厘米。病斑逐渐变为灰白色，并长出黑色小粒点。叶片上病斑很多时，常引起干枯早落。

2. 发生规律

病菌以菌丝体、分生孢子器及子囊壳在病组织内越冬，是初次侵染和连续侵染的主要菌源。春季随风雨传播，首先侵染枝干，然后侵染果实。侵染枝条的病菌一般从8月开始以皮孔为中心形成新病斑，翌年病斑继续扩大。在果实生长期，病菌均能侵入，以落花后的幼果期到8月上旬侵染最多。幼果受侵染不立即

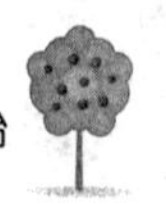

发病，病菌侵入后处于潜伏状态。当果实近成熟期，其内部的生理状态发生改变后，潜伏菌丝迅速蔓延扩展，果实才发病。果实采收期为田间发病高峰期，果实储藏期也是该病的主要发生期。早期侵染的病菌，潜育期长达80～150天；晚期侵染的潜育期仅18天左右。

影响轮纹病发生的关键因素是雨水。发病最适宜温度是27℃，雨后天气不晴，阴雨连绵，易发病。发病需一定的水分，空气湿润的秋季高发。苹果进入盛果期后，枝干病斑增多，弱树、老弱枝干及老园内补栽的幼树易染病。在果园，树冠外围的果实及光照好的山坡地，发病早；树冠内膛果，光照不好的果园，果实发病相对较晚。气温高于20℃，相对湿度高于75%或连续降水量达10毫米以上时，有利于病菌繁殖和田间孢子大量散布及侵入，病害严重发生。山间窝风、空气湿度大、夜间易结露的果园，较坡地向阳、通风透光好的果园发病多；新建果园在病重老果园的下风向，离得越近，发病越多。果园管理差，树势衰弱，重黏壤土和红黏土，偏酸性土壤上的植株易发病。被害虫严重为害的枝干或果实发病重。果园管理粗放、挂果过多以及施肥不当尤其是偏施氮肥，发病均较多。幼树和壮树枝干则极少发病。苹果品种间抗病性也有差异，皮孔密度大，细胞结构稀松品种易发病。目前生产中栽培的品种中富士系、元帅系、金冠等品种感病较重。

3. 防治措施

① 加强栽培管理，增强树体抗病性。

② 发芽前用石硫合剂和五氯酚钠混合液喷洒枝干。

③ 生长前期（5～7月）对病枝进行重刮皮，并涂抹多效灭腐灵或波尔多液。

④ 喷药保护，落花后至套袋前是防治的关键时期，应每隔15～20天喷药1次，连喷4～5次，可用10%氟硅唑乳油8000倍液、或45%施纳宁水剂200～400倍液、或50%异菌脲悬浮剂3000倍液、或70%甲基硫菌灵可湿性粉剂800～1000倍液等喷雾。

十二、 炭疽病

苹果炭疽病在我国各苹果产区都有发生，该病发生会造成采前大量落果或采后储运中发生果腐。

1. 为害症状

该病主要侵染果实，其次也为害枝条。初期果面上出现淡褐色小圆斑，迅速扩大，呈褐色或深褐色。果肉腐烂呈漏斗形，表面下陷，病斑扩大至直径1～2厘米，表面形成小粒点，后变黑色，即病菌的分生孢子盘，成同心轮纹状排列（图6-25，见彩图）。

湿度大时，分生孢子盘突破表皮，露出粉红色分生孢子团，几个病斑连在一起，使全果腐烂、脱落。

2. 发生规律

病菌以菌丝体、分生孢子盘在僵果、果台、干枯枝条、病虫为害的枝条上越冬，也能够在梨、葡萄、枣、刺槐、核桃等寄主上越冬。翌春分生孢子经伤口、皮孔或直接侵入，发病后产生分生孢子进行再侵染。分生孢子主要经雨水冲溅传播，某些蝇类也能传病，6～7月开始发病，高温高湿多雨是炭疽病发生和流行的主要条件。果园土壤黏重，地势低洼，雨后易积水，地处山谷通风不良，除草不及时或田间种植高秆作物，果树密植，树冠郁闭等，有利于发病。8～9月，果实成熟期至储藏期为主要发病期。

3. 防治措施

（1）清除病源是防治的关键　结合冬剪，剪除僵果、枯伤枝条、果台枝，生长季及时摘除病果，集中烧毁或深埋，切断病菌侵染源，对于控制全年的病害发生有非常积极的作用。

（2）适时喷药防治　苹果发芽前喷5波美度石硫合剂或40%代森铵350倍液，铲除越冬病菌。落花后至套袋前，田间孢子开始传播起，交替喷布200倍波尔多液、50%退菌特600倍液、50%敌菌灵600倍液、80%全络合态代森锰锌800倍液、50%硫悬浮剂400倍液。半月1次，连续3～4次。

从幼果期（5月下旬前后）开始，每隔15天左右喷药1次，

药剂可用80%炭疽福美可湿性粉剂500倍液、70%丙森锌水分散粒剂800倍液、40%福星8000倍液、43%好立克5000倍液、40%氟硅唑8000倍液、60%塞菌灵1500倍液、2%宁南霉素500倍液、3%中生菌素250倍液、50%多菌灵可湿性粉剂600倍液等。

十三、 霉心病

1. 为害症状

霉心病主要为害果实，主要表现为心室霉变和黑心腐烂。果实受害从果心开始，逐渐向外扩展霉烂，病果果心变褐，充满灰绿色物质，也有呈现粉红色霉状物的（图6-26，见彩图）。储藏期间，当果心腐烂（图6-27，见彩图）严重时，果实外部见水渍状、褐色、形状不规则的湿腐斑块，斑块可相连成片，最后全果腐烂，果肉味苦。病果在树上有果面发黄不着色、果形不正、发育迟缓，或着色较早、采前落果等现象，但症状不明显。受害严重的果实多为畸形果，从果梗烂至萼洼。早熟富士、红将军等品种感病后，易引起采前果实发黄不着色和采前落果现象。

2. 发生规律

霉心病菌在树体、土壤、病果或坏死组织上越冬存活，第2年春季开始传播侵染，经空气传播。病菌在果园内广泛存在，当苹果萌芽后气温上升时，病菌即开始传播。开花时病菌在花器的柱头、花丝及萼片等组织上定植，随果实发育，通过萼筒至心室开始进入果心，引起心室霉变或果心腐烂。对于红富士而言，该病是花期至幼果形成期发生和为害的。采收期、储藏期表现症状。霉心病的发生与果实的形态、结构有密切关系。凡果实的心室开放，与萼筒直接相通，或由于萼筒与心室之间组织疏松、易变枯，从而为病菌入侵提供通道者为感病品种，如元帅系、富士系品种。凡心室与萼筒之间有紧密的绿色组织，阻隔者为不感病品种，如秦冠。苹果霉心病的发生程度也取决于前期心室带菌率。而心室带菌率又与果实的形状、萼筒结构、品种特性、环境条件密切相关。凡是开萼型、萼筒深、果形扁、成熟早、萼心间开放型品种，心室带菌率高，如红星等。相反，心室带菌率低，如红富士等。苹果花期前后遭遇低温高湿，心室带菌率高。

元帅系为易感品种，富士系为较易感品种，秦冠为不易感品种。一般大型果比小型果发病率高，中心果比边果发病率高，扁形果比高桩果发病率高。通常结果过量，果园内透光差，树体抗性差，霉心现象发生严重；晚春高湿温暖，夏季忽干忽湿或阴湿果园发病重。储藏温度高于10℃易发病。

3. 防治措施

① 清除病源：随时摘除病果，捡拾落果，秋冬季结合清园剪去树上僵果、枯枝，带出果园深埋，减少病源，为全年防治打好基础。

② 采取综合措施，健壮树体，增强树势，提高树体抗性。

③ 合理利用修剪调节措施，保持果园通透性良好，以抑制病害的发生。

④ 适期喷药防治：霉心病防治的关键时期是开花前后和花期，花前花后防治得好，病菌便不能进入心室，就可很好地控制危害。初花期、盛花期、落花15天以内是药剂防治苹果霉心病的关键时期。可选用的药剂有50%扑海因可湿性粉剂1500倍液、70%丙森锌可湿性粉剂800倍液、10%的宝丽安可湿性粉剂1500倍液、1%多氧清水剂200倍液，80%大生M-45可湿性粉剂、68.75%杜邦易保水分散性粒剂1000倍液、50%异菌脲可湿性粉剂1000倍液；50%甲基硫菌灵·硫黄悬浮剂800倍液；5%菌毒清水剂200～300倍液；70%代森锰锌可湿性粉剂600～800倍液+10%多氧霉素可湿性粉剂1000～1500倍液均可预防苹果霉心病的侵染与发生。

在花序伸出期、初花期（5%花朵开放）时喷1.5%多抗霉素400倍液或2%～3%多氧清800～1000倍液+0.3%硼肥+0.3%～0.5%糖，盛花期（花朵开放70%）时喷68.75%杜邦易保1200倍液或30%高生1000倍液+0.3%硼肥+0.3%～0.5%糖，既可以促进花粉萌发和花粉管伸长，有利授粉受精，又可杀灭病菌，效果较好。

⑤ 元帅系苹果栽培中，合理使用果形剂，培育高桩且萼筒闭合的果实以减轻发病。

⑥ 适时采收，采后及时存入低温（<6℃）条件储藏。

十四、 苹果锈果病

1. 为害症状

苹果锈果病又称花脸病，病毒引起的病害，是全株性病害，但锈果症状主要表现在果实上，锈果病树所结果实较小，有的表面生有锈斑，随着果实的增大，锈斑上发生龟裂，果面粗糙，形成畸形果，不堪食用；有的果面着色不匀，散生红绿相间的斑块，呈花脸状，大多失去商品价值。可细分为三种类型。

锈果型：发病初期，病果顶部产生五条与心室相对应的、沿果面纵向扩展的淡绿色条斑，轻病果条纹不明显，重病果斑纹逐渐木栓化，呈铁锈色，随着果实发育，锈斑龟裂，果面粗糙，果皮开裂，果实因发育受阻而成为凹凸不平的畸形果，病果果肉僵硬，失去食用价值。

花脸型：病果着色前无明显的变化，着色后果实上散生很多近圆形黄绿色斑块，呈现黄绿相间状态，成熟后呈现红黄相间的花脸型，着色部分突起，病斑部分下陷，果实较小（图 6-28，见彩图）。

锈果花脸型：病果表现锈果和花脸的复合症状（图 6-29，见彩图）。

锈果病在某些品种的幼苗上也表现症状，病苗叶片规律地向背面卷曲，叶变小，质硬而脆，易脱落，枝上产生锈斑或溃疡斑，病苗矮小等。

2. 发生规律

锈果病病毒主要由带病接穗或带病砧木通过嫁接传播，也可通过病健树根部接触传播，还可通过刀、剪、锯等工具传播，而病株汁液、花粉、种子不能传病。结果树通常先在个别枝条显现症状，2～3 年才扩展到全株。梨树是带毒寄主，但不表现症状，靠近梨园或与梨树混栽的苹果树发病较重。目前尚未发现免疫或高抗品种。

3. 防治措施

① 采用脱毒苗建园：严格选用无病接穗和砧木，从经检测不带病毒的母本树上采取接穗，嫁接在实生苗上繁殖无毒苗用于建园。

② 在果园、苗圃中经常检查，发现病树、病苗刨除销毁。病毒病传播具有系统性，一旦感染，将终生带毒，目前还没有彻底治愈的有效方法，而且当树体长大，根系互相接触后，还增加了根系伤口接触传播的风险，因此发现病毒株后，最好及时挖除。对于病毒率过高的园片，要看其经济价值决定。如所结果有一定的经济价值，可加强土壤和树体管理，增强树势，延长结果年限，最后刨除；如所结果无经济价值，则应及时挖除。

③ 严格检疫监督，在距原有苹果、梨园100米以外建立无病毒苗木繁殖圃。

④ 规范嫁接、修剪操作流程，加强蚜虫防治，控制病毒传播。嫁接所用的砧木、接穗要从无病树上采取，嫁接、修剪过程中对刀剪等工具要及时消毒，生产中要做好蚜虫的防治，以有效控制病毒传播。

⑤ 药物治疗：目前还没有根除病毒的有效药剂，生产上所用的药剂主要是缓解和控制病害的发展，以减轻症状。常用的有“果树病毒1号”和“果树病毒2号”，同时生产中还发现多种抗病毒剂，如病毒A、三氮唑核苷·铜、宁南霉素、土霉素、四环霉素、链霉素等，喷施后对病毒症状有一定的缓解作用。据病害发生轻重，可用以下措施防治，病害轻时用1次就可，如病害较严重，全年需进行3～5次。

a. 在接近萌芽、花蕾还没有完全展开时，及苹果谢花后喷洒1.35%三氮唑核苷·铜可湿性粉剂1000倍，并在药剂中加入适量鲜牛奶，对预防果实花脸病及花叶病毒具有明显效果。

b. 初夏时在病树主干进行半环剥，在环剥处包上蘸过

0.015%～0.03%土霉素、四环霉素或链霉素的脱脂棉，外用塑料薄膜包裹。

c. 喷雾法，用70%代森锌500倍液或硼砂200倍液，喷于果面，7月上中旬起每周1次，共喷3次。

d. 根部插瓶：在病树周围1.5～2米处的东西南北方向各挖一坑，分别找出直径0.5～1厘米的树根，将其切断，将断头插入装有150～200毫克/千克宁南霉素或四环素、土霉素、链霉素药液的瓶子中，然后封口埋土。

e. 药液灌根：用宁南霉素加四环素或土霉素、或链霉素各50～100毫克/千克，再加硫酸锌和硼砂或硼酸各300倍液的混合液灌根，每树25～50千克。

十五、 苹果褐腐病

是果实生长后期和储藏运输期间的常见病害。

1. 为害症状

苹果褐腐病是由真菌引起的病害，主要为害果实，也为害花和果枝。枝干受害后，在枝干上形成溃疡病斑；花朵受害后萎蔫或产生褐色溃疡斑；果实受害后，被害果面初现浅褐色小斑，病斑迅速扩展，经8～10天可使整个果实腐烂。病果的果肉松软，海绵状，略有弹性，落地不易破碎。病斑在扩大腐烂过程中，若遇到多雨潮湿的天气，其中央部分形成很多突起的、呈同心轮纹排列的灰褐色或灰白色绒球状物。树上的病果常提早脱落，也有少量残留树上，失水干缩成僵果，表面具有蓝黑色斑块。

2. 发生规律

病菌主要以菌丝和孢子在病僵果上越冬，第2年形成分生孢子借风雨传播。潜育期5～10天。褐腐病对温度的适应性很强，适宜发育温度为25℃，但在0℃条件下仍能活动扩展，因此在生长季节或储运期间均可发病，但高温条件下病情发展较快。湿度也是决定病菌侵染的重要因素，高湿不但有利于病菌的生长繁殖和孢子的萌发，也使果实组织充水而柔嫩，以致丧失抗病性。雨水多，光照少，高温高湿的环境条件和接近成熟期的果实是病害发生的必备条件。

病原菌主要通过各种伤口侵入，嫁接口、修剪口附近枝干易发生溃疡症状。果实上主要从裂口、虫伤、刺伤、碰压伤等伤口侵入，也可经皮孔侵入，好果与病果接触也可传染。9～10月果实近成熟时为发病盛期，在卷叶蛾啃伤果皮较多、裂果严重的情况下，以及秋雨多时，常引起病害流行成灾。

适宜病害发生的环境条件：凡地势低洼积水、土质瘠薄的果园，及管理粗放的，幼树、衰老树易发病。偏施氮肥、树体生长过旺，枝条过多，通风透光差，杂草多的果园，发病重。

3. 防治措施

① 及时清除树上和树下的病果、落地果和僵果。秋末或早春施行果园土壤深翻，掩埋落地病果，可减少果园中的病菌数量。

② 加强栽培管理，增强树势，提高树体抗病能力。

③ 合理修剪，改善通风透光条件。

④ 及时刮除枝干上的溃疡病斑，刮后的病部涂抹45%石硫合剂20～30倍液或4%农抗120水剂30～50倍液、或5%菌毒清水剂30～50倍液、或1.5%增稠型菌立灭膏剂30～50倍液等药剂消毒。

⑤ 实行套袋栽培，保护和阻止多种病虫害对果实的侵染，减轻病害发生。

⑥ 在病害盛发期前，喷化学药剂保护果实，在9月上中旬和10月上旬各喷1次80%大生M-45可湿性粉剂1000倍液或80%喷克可湿性粉剂800倍液等保护果实。

⑦ 合理采收：在果实充分成熟后采收，以提高果实的耐储能力。采收时要轻拿轻放，避免造伤。严格剔出各种病果、虫果、伤果，做到快装、快运、避免挤压和碰伤果实，病伤果坚决不能入库，储藏期间库温保持在0～1℃，相对湿度控制在90%左右。

十六、苹果红、黑点病

苹果红、黑点病是套袋苹果生产中的主要病害之一，发生原因

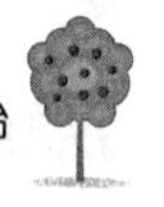

比较复杂，症状各异，生产中要加强针对性的防治，以减轻损失。

1. 红点病

（1）症状 红点病主要表现在果面，在果面上出现较小的红点病斑（图 6-30，见彩图）。

（2）发病原因 主要是由斑点落叶病菌侵染果面、所套袋质量低劣、乳油类农药刺激果面及果实生长期缺钙所造成。营养不平衡，果实生长后期施用高氮含氯超标的肥料，过度环剥环割，果园积水造成烂根等易削弱树势，树势弱的果园红点病发生严重。

（3）防治措施

① 加强斑点落叶病的预防，减少病菌侵染：抓好套袋前、摘袋前后对斑点落叶病的防治。防治斑点落叶病的有效药剂有 1.5%多抗霉素 400 倍液或 10%宝丽安 1000 倍液，或 80%喷克 800 倍液。苹果摘袋前 1 周，叶面喷施甲基托布津等内吸杀菌剂，对摘袋后侵染果实的红点病具有显著的预防作用。在摘袋后喷药时要掌握在摘袋 5 天后开始用药。过早用药，由于果皮细嫩，角质层保护组织薄弱，易受到伤害，在皮孔附近出现红点。

② 平衡施肥：果实生长后期要注意控制氮肥的施用，注意各营养元素之间平衡施用，尤其是重视中微量元素和有机肥料的施用。注意适时补钙，在幼果期及采收前结合喷药，加喷钙肥 2～3 次或树干涂钙肥 2～3 次，以有效地健壮树势，提高树体抗性，可有效避免红点病的发生。

③ 套优质纸袋：红富士苹果生产中最好套优质三色双层育果袋，套袋时要撑开果袋，果子要悬在袋中央，不能贴果袋，防止日灼，以防止果面红点病的发生。

2. 黑点病

（1）症状 黑点病主要为害果实，在果实表面散生许多大小、形状不一的病斑。发病初期，果实萼洼处皮孔褐变，出现针尖状小黑点，后黑点逐渐扩大，渐变为芝麻粒至绿豆大小，在潮湿或机械损伤的情况下，常有果胶溢出，果胶风干后沉积形成白色粉末。该病多形成直径 1～6 毫米、深 1～3 毫米的病斑，有的病斑中央下陷，果面略畸形。病斑一般局限在果实表皮，不深入果肉（图 6-31，见彩图）。

（2）发病原因　黑点病既可由侵染性病菌引发，又可由生理性病害所致，还可由康氏粉蚧等虫害导致，是比较复杂的。在侵染性病菌中引起黑点的病原菌有多种，如引起霉心病的病菌、引起斑点落叶病的病菌等，它们既可单独侵染引起发病，又可混合侵染导致发病。生理性病害导致黑点病主要由于套袋后果袋内特殊的小环境，使果实生长的温度、湿度、光照等环境因子发生了改变，进而影响到果实生长发育过程中对钙元素的吸收利用。钙具有强化果皮韧性的作用，缺钙后，果实脐部反应敏感，细胞壁不坚实，果皮抵抗外界不良环境能力较差，容易引发苦痘病、痘斑病、裂果等生理性病害和机械损伤，这些微小的伤害使果实极易感病。在苹果套袋后有漏杀的康氏粉蚧沿包扎不严的袋口、排水孔或透气孔进入袋内，在苹果萼洼处为害，刺吸果面形成针尖状伤口，其痊愈后形成木栓化褐变组织，造成黑点。通常康氏粉蚧造成的病斑多覆盖有白粉。

（3）诱发黑点病的因素

① 套袋苹果发病重：套袋后果实处在湿度较大、透气差、温度高的条件下，由苹果花残留物上的病原产生的分生孢子侵染果实发病，形成小黑点。

② 果袋质量差发病重：使用价格低廉的双层纸袋或优质果袋二次使用，苹果黑点病发生较重。同时纸袋封口所选用的黏胶，因其质量差或用量过多而对幼果果面产生伤害，致使皮孔死亡，形成黑点。

③ 套袋操作不规范发病重：引起苹果黑点病的病原菌均属于弱寄生菌，一般不侵染果面，但套袋操作不规范时，特别是纸袋通气孔在套袋前未打开，纸袋口未扎紧，封闭不严，袋口朝上，雨水易顺果柄进入，使袋内果实处在高温、高湿、阴暗、透气性差的环境中，有利于病菌的侵染而诱发黑点病。

④ 不合理用药时发病重：苹果谢花后至套袋前，幼果茸毛刚

脱落，皮孔未愈合，幼果果面对外界刺激敏感。若使用颗粒粗、悬浮性差的可湿性粉剂或使用含有大量有机助剂的乳油类农药，均可刺激果面细胞，并可封闭果实气孔，引起细胞死亡堵塞，造成黑点。另外用药后立即套袋，使用农药浓度过高，套袋后忽视继续用药，均可导致黑点的产生。

⑤ 不当脱袋会加重发病：在降雨的条件下，雨前、雨后脱袋苹果黑点病的发病率差别很大，一般雨前脱袋发病率低，雨后脱袋发病率高。

⑥ 温湿度与发病有很大的关系：7～8 月多雨高温的年份发病重，且黑点病的发生期随降雨的提前而提前。

⑦ 果实在树冠内的着生部位不同，发病轻重是不一样的：一般树冠下部的果实较树冠上部的果实发病重。

（4）防治措施

① 健壮树体，提高抗性：通过增施有机肥料，避免偏施氮肥，适时浇水，保证水分均衡供给，以利树体和果实正常生长。

② 改善树体和果园的通风透光条件，以抑制病害的发生：生产中应严格控制亩枝量在 8 万条左右，以保证果园有良好的通透性，减轻病害的发生。

③ 科学用药：倡导花期用药，强化谢花后至套袋前用药，将病菌杀灭在套袋前。苹果黑点病病菌主要由花器侵入，花期用药是防治该病的一个重要环节。在花期可选择应用宝丽安、多抗霉素等对苹果花期使用安全的药剂，从谢花后 7 天开始，每隔 10～15 天喷 1 次药，套袋前共喷 3 次药，在最后一次喷药后，药液干燥成膜后再套袋。套袋后，要继续定期用药，以巩固前期的防治成果。套袋前结合喷药，补钙、补硼，以减少黑点病的发生。

④ 正确应用套袋措施，以抑制黑点病的发生：选择外袋耐雨水冲刷、抗日晒、不易撕裂，内袋红色蜡质均匀，不易熔化和脱落的优质袋。套袋时左手捏住袋口，右手扎紧袋口，以免病虫侵入及雨水进入袋内。要严格掌握最后一次用药与套袋的间隔期，当喷药后 15 天内不能完成套袋时，应重新喷药。袋套上后，在雨后要及

时检查果袋，对果袋两角排水口小，不易启动的，可用剪刀适当剪一下；对雨后已烂或贴在果面上的纸袋，要及时除掉更换新袋。

十七、皱皮病

是水分供给不均和钙元素缺失双重作用导致的生理病害。

1. 发生原因

园址选择不当，建园立地条件较差，苹果园建在保水保肥力差的山地或河滩地上，肥水供给没有保障；土壤营养失衡，中微量元素短缺，特别是缺少硼、钙元素；有机肥施肥不足，土壤理化性状不良，土壤蓄水保肥能力不强；水分供给不均，果实膨大前期干旱，后期降水或浇水过量。这些情况下，均会诱发果实皱皮现象。

2. 预防措施

皱皮病的发生原因是多方面的，防治时应采取综合措施，以提高效果。生产中应用的主要措施如下。

① 在立地条件好的地方建园，为苹果树正常生长结果打好基础。

② 改变施肥观念，加大有机肥的施用量，推广平衡施肥技术。全面补充树体营养，改善土壤理化性状，提高土壤蓄水保墒能力。在易发生皱皮病的果园，注意补充硼及钙元素，提高果皮的韧性，减轻皱皮现象的发生。

③ 实行覆盖栽培，减少土壤水分的蒸发损失，提高天然降水的利用率，促使果园水分均衡供给，有利于减轻皱皮现象的发生。

④ 科学浇水：有浇水条件的地方，当田间持水量小于60%时，应及时进行浇水，浇时应坚持按少量多次的原则进行，浇水最好在傍晚进行。

十八、苹果叶片失绿

1. 苹果叶片失绿变黄的原因

苹果叶片失绿变黄是生产中发生较普遍的现象，由于导致失绿

的原因较复杂，生产中只有对症防治，才能提高防治效果。通常出现叶片变黄的原因如下。

（1）土壤性状 一般在土壤板结严重，通透性差的情况下，苹果树根系生长受到抑制，树体吸收能力差，易发生叶片黄化。刚整修的梯田生地，生土层养分欠缺，所栽果树黄化现象较普遍。沙性土壤，漏肥漏水，黄化现象也易发生。

（2）不当作业，根系受损 由于不当作业，根系吸收能力减弱、枯死，以及根结线虫侵害等均易诱发缺素，导致叶片出现黄化。目前最主要的表现在两个方面：一是用微型旋耕机除草松土伤根较多，根系恢复时间较长，易导致叶片黄化；二是施用除草剂，特别是连年使用除草剂的果园，毛根会出现枯死现象，根系吸收能力大大降低，会出现黄化现象。

（3）缺素 在苹果树生长过程中，氮、钙、镁、铁元素缺乏时，均易引起叶片黄化，只是症状不同而已。一般缺氮时新梢生长细而弱、叶小，淡绿色或黄色，严重时会引起落叶和落果；缺钙时，叶中心有大片失绿、变褐和坏死的斑点，梢尖叶片卷缩向上发黄；缺镁时叶片失绿，新梢基部成熟叶片的叶脉间出现黄绿色，会迅速扩大到顶部，基部叶片夏末脱落，顶部叶片仍保留；缺铁时近新梢顶部的叶片完全变成草绿色或黄色，中下部叶片叶脉呈绿色，有些叶焦边，并逐渐开始脱叶。其中缺铁是常见的新梢黄化原因。

（4）施肥时间间隔较长 施肥时间间隔较长时易导致出现脱肥，易出现叶片黄化。一般在春季萌芽展叶开花期，夏季新梢生长、幼果膨大、花芽分化期，秋季枝叶生长及果实膨大期，树体消耗养分量大，如果得不到及时补充就会出现脱肥现象，叶片会出现黄化。

（5）病虫危害 有病虫危害易出现黄化现象。特别是螨类、腐烂病等易导致叶片黄化。

2. 苹果叶片失绿变黄的防治

根据以上主要原因，在防治苹果叶片黄化时应采取综合措施，使叶片恢复绿色，促进树体健壮生长，以促使产量、质量和效益的提高。主要措施如下。

① 活化土壤，保持土壤有良好的通透性和保水保肥能力，对于严重板结的土壤，要及时耕翻，保持土壤疏松。新修梯田生土层要通过耕翻，加速土壤熟化，增施肥料补养。沙性土壤要增厚土层，防止肥水渗漏。

② 增施有机肥料。有机肥料养分含量全面，施后能改良土壤，提高土壤肥力，肥效期长而稳定，坚持长期足量施用，可有效地避免叶片黄化现象的出现。特别是在黄化现象发生的果园中使用，有利于叶片恢复绿色。

③ 保护根系，提高树体吸收功能。在利用微型旋耕机除草松土时应以行间为主，树盘以内尽量少用，以减少伤根。果园内不用或少用除草剂，提倡人工除草。如果应用除草剂，应拉长间隔，应用间隔期应在 3 年以上，防止根系死亡。

④ 适期追肥，补充营养。满足树体快节奏生长对肥料的需求，每年在萌芽前，6 月花芽分化快开始期及 8 月果实膨大期，要适时适量施好追肥，减轻树体内营养竞争的矛盾，保证树体健壮生长。

⑤ 对症补养，克服缺素引起的黄化。5～10 月对缺氮、缺钙、缺镁等引起黄化的，分别叶面喷施 0.3%～0.5%的尿素、1%～2%的氯化钙、0.5%～1.0%的硫酸镁。对缺铁黄叶可在 7～9 月喷 0.1%～0.3%的硫酸亚铁或休眠期喷 1%～3%的硫酸亚铁。最好配合尿素喷施，可很好地改变叶色，促使叶片生长恢复正常。

⑥ 对因根系枯死诱发的生理性缺素黄化树，应挖开土壤，剪除死根，用 50%多菌灵 500 倍液灌根 2～3 次。对根结线虫诱发的黄化树，每亩用 3～5 千克 10%的克线磷或克线丹颗粒剂或 40%毒丝乳油 800 倍液喷洒处理根基土壤，杀灭根结线虫，尽快恢复根系的生理功能。

⑦ 加强病虫害的预防，保证叶片健壮生长，提高叶片制造运送光合产物的能力。螨类可喷 20%螨死净悬乳剂 3000 倍液或扫螨净 4000 倍液，病害可喷 68.5%多氧霉素可湿性粉剂 1200～1500 倍液或 4%农抗 120 800 倍液防治。

3. 缺铁黄化现象及防治

（1）危害症状　在苹果树体中，在几种酶体系和细胞色素的活化作用中，铁的功用特殊。铁与叶绿体的蛋白质合成有关，缺铁会出现黄叶病，最初枝梢顶端的叶片失绿变黄，叶肉黄色，叶脉仍然绿色，先影响新叶，但保持叶边绿色较长；叶片呈绿色网纹状，叶小而薄（图 6-32，见彩图）。树体旺长期枝梢顶部的叶片，除叶脉外，全变成黄色或白色，严重时有些叶焦边，并出现褐色枯斑，最后叶片枯死脱落（图 6-33，见彩图），果实色泽不良、味淡，产量低。

（2）发生规律　苹果缺铁黄化与砧木有关，用东北山定子作砧木，易表现缺铁症，而用海棠作砧木的苹果很少发生此病。盐碱重的土壤，可溶性的二价铁转化成不可溶的三价铁，不能被果树吸收利用，易表现缺铁。干旱和生长旺季时发生重。地下水位高的低洼果园，土壤黏重、经常灌水的果园发生重。

（3）防治措施

① 选用抗性强砧木。

② 改良土壤：增施有机肥，种植绿肥，增加土壤有机质含量。改善土壤理化性状是防治黄叶病的根本措施。

③ 适当补充铁素。

a. 把硫酸亚铁与有机肥混合施用，每亩 20～50 千克。

b. 树体输液：用对症的果树输液肥矫治效果较好。

c. 叶面喷施铁肥：果树新梢生长期连续叶面喷施 3～4 次 0.3%～0.5%硫酸亚铁溶液或螯合铁或其他含铁元素的多功能叶面肥，可减轻或预防黄叶病的发生。

十九、苹果生产中小叶现象

小叶现象是苹果生产中经常发生的现象之一。小叶主要表现在苹果的枝条、新梢和叶片上，病梢春季不能抽发新梢或抽出的新梢节间极短，梢端细叶丛生成簇状，叶缘向上卷，质厚而脆，叶色浓淡不匀且呈黄绿色，甚至表现黄化、焦枯（图 6-34、图 6-35，见彩图)。叶片是植物光合产物的制造工厂，小叶现象的出现，会影响树体光合作用，不利于光合产物的积累，进而影响苹果的产量和质量，制约生产效益的提高。因而对于小叶现象的发生应引起高度重视，要认真查找发生的原因，对症施治，进行矫正，以保证叶片正常生长，促进光合作用的顺利进行，增加植株光合产物的积累，以利苹果生产高效运行。

1. 苹果生产中出现小叶的原因

小叶出现的原因是比较复杂的。

(1) 病毒的影响　苹果树感染病毒后，会出现顶梢叶片变小现象。这种小叶现象是会传染的，会通过修剪工具传播到健康树体上，一般在果园内零星出现。

(2) 缺素的影响　缺氮、缺磷、缺锌均会导致小叶现象的发生。一般缺氮时，叶小，叶片失绿，较老的叶片为橙色、红色或紫色；缺磷时叶小稀少，叶片呈青铜色至淡绿色；缺锌时春季叶片呈轮生状小叶，硬化，有时梢叶成花叶，有时梢叶轮生状，一部分光秃，以后枝条可在下部抽生，最初叶片正常，后变成花叶和畸形。当由于缺锌发生小叶病时，表现在一片或一个区域，并非个别植株。

(3) 土壤沉实，根系生长不良，吸收功能限制的影响　近年来随着苹果向山区发展，大量梯田果园兴起，小叶病的发生成为普遍现象。这主要是由于在整修梯田时对土壤深翻重视不够造成的。在修梯田时，有去方和垫方之别，通常将高处的土移动到低处，土壤原有的结构被破坏，原来高处的活土层被移走，所留土壤沉实，土壤风化不够，养分含量不足。果树生长在这种土壤上，多表现出根系生长不良、吸收能力弱，小叶现象发生较严重，而原来低洼的地方，由于移来了大量的活土层，土壤疏松，活土层厚，土壤相对较肥沃，栽培在该处的果树根系生长阻力小，土壤养分供给充足，基本没有小叶现象的发生。这种小叶现象区域性比较明显，通常在一块地中，从外到内小叶病呈现渐次加重的现象。

(4) 除草剂的影响　近年来随着除草剂的大量施用，也诱发了

小叶现象的大发生。除草剂在施用后，在杀灭杂草的同时，也会对苹果树的根系造成伤害，导致苹果树的吸收根枯死，树体的吸收功能减退，在地上部分表现小叶现象。这种小叶现象与除草剂施用的范围和使用年限有很大的关系。除草剂施用的范围越大，连续施用的年限越长，则小叶现象发生的越严重。

（5）机械作业伤根的影响　农业机械的应用，大大提高了果园管理的劳动效率，降低了劳动强度，但机械作业的负面影响也逐渐地显露出来了。如在苹果生产中小型旋耕机在果区已基本普及，在旋耕机应用次数越多的地方，小叶现象相对发生比较严重。主要是由于苹果的吸收根分布比较浅，在机械旋耕的过程中，会导致大量吸收根损伤，影响树体对矿物质和水分的吸收，导致树体地上部分养分和水分供给不足，叶片的生长受到限制，出现小叶现象。

（6）施肥的影响　苹果为高产作物，生产中需肥量较大。如施肥方法不当，特别是施肥过于集中，在干旱缺墒的情况下施肥及施肥离根系过近，都会导致根系死亡，果农称之为“烧根”现象。“烧根”现象发生后，毛根的生长点被破坏，严重时大量毛根死亡，树体的吸收功能受到影响，树上则表现小叶现象。这种小叶现象在树体中多表现为局部的，有时仅发生一个枝或几个枝。

（7）地下害虫害鼠的危害影响　地下害虫害鼠会将根系咬伤，影响吸收功能，导致树上出现小叶现象。特别是中华田鼠危害相当严重，已成为山地果园的一大公害。由于其繁殖快，味觉灵敏，防治难度大，对苹果生产的危害越来越严重。

（8）不当修剪的影响　如冬季修剪时疏枝过多或锯口过大，出现对口伤、连口伤等，会严重削弱中心干或骨干枝的长势，引起生理机能的改变，造成小叶；夏季环剥过宽，剥口保护不够或剥时树体缺水等，会使剥口愈合程度差，导致剥口以上部位生长受阻，代谢紊乱，产生小叶。此类小叶症状出现在个别植株或个别骨干枝上，且在大锯口或剥口以下部位能抽出2～3个强旺的新梢。

2. 苹果生产中小叶现象的防治措施

根据以上发生的原因，苹果生产中小叶病防治时应重点抓好以下工作，切实控制小叶病的发生，保障叶片健壮生长，提高树体光合作用的能力，促进苹果生产高产、优质、高效运行。

① 控制病毒传播，减轻病毒引发小叶病的危害。对于病毒引发的小叶病，在生产中要严格控制病毒的传播，防止小叶病蔓延。如确诊小叶病为病毒所致，则对患小叶病的植株应及时挖除，如果危害较轻，则在修剪时使用专用工具，防止病毒传播，同时对患病植株有针对性地喷用病毒灵等药剂进行矫正。

② 对症补养，克服缺素现象，促进叶片健壮生长。对于缺素引起的小叶现象，在生产中应对照症状认真研究，对症施治，克服缺素的不利影响。对于缺氮引起的小叶，应通过增施有机肥，补充氮肥，特别是速效性氮肥，促进叶片恢复正常。在根施氮肥的同时，可叶面喷施 0.3%～0.5%的尿素进行矫正。对于缺磷引起的小叶，应在增施有机肥的基础上，注意增加磷肥的施用量，以补充土壤中磷元素的含量，提高磷的供给能力，叶面可喷施 0.3%～0.5%的磷酸二氢钾。对于缺锌引起的小叶，可在施用基肥时据树大小，每株增施 0.5～1 千克的硫酸锌，早春树体未发芽前，在主干、主枝上喷施 0.3%的硫酸锌+0.3%的尿素，发芽后叶面喷 1～2 次 0.3%～0.5%的硫酸锌溶液进行矫正。

③ 深翻土壤，增施有机肥，促进根系健壮生长，提高树体吸收功能，以利叶片健壮生长。对于梯田果园，在建园前要注意深翻，如果建园时没有深翻的在树栽上后 2～5 年内应对全园进行 1 次深翻，特别是去土后的地方一定要深翻，要保证深翻深度在 60 厘米以上。如能结合深翻，施入大量的有机肥，则可优化根际生长环境，对于纠正小叶现象的发生会有明显的效果。

④ 切实加强根系保护，减少根系损伤，提高树体吸收能力，保证地上部分生长所需的营养和水分供给，促进叶片健壮生长。在苹果生产中要限制除草剂的应用，在同一地块，每年除草剂施用次数不要超过 2 次，提倡多进行中耕除草，通过人工拔、铲、锄的方

法，限制杂草对果树生长的影响。在果园中要正确使用旋耕机，幼龄果园可对行间的土壤进行旋耕，树盘内要严禁使用旋耕机耕旋。盛果期果园由于根系布满全园，生产中要限制旋耕机的使用，以切实保护根系。在施肥时施用的农家肥要充分腐熟，施量要适宜。水平施肥位置应在树冠梢部以外，最好在雨后施肥，有条件的施肥后及时浇水，要大力普及肥水一体化栽培措施，减轻施肥作业对根系的伤害。要加强对田鼠的防治，通过弓箭射杀和药物毒杀相结合的方式进行控制，保护树体，减轻危害。

⑤ 合理修剪，修剪中避免留对口伤、连口伤和过多地一次性疏除粗度过大的枝；夏季少用环剥措施；对已经出现因修剪不当而造成的小叶树体，采用轻剪的方法，待 2～3 年枝条恢复正常后，再按常规修剪；生产中要控制负载量，防止树势衰弱。

二十、 苹果缺钙症

1. 为害症状

钙在树体中起着平衡生理活动的作用。钙与果实硬度和品质有关。缺钙会影响氮的代谢和营养物质的运输，不利于铵态氮的吸收。影响果树的嫩叶，会使其变形、长不大，异常发暗；内层叶子胶着，干燥后粘在一起，叶尖勾起；新梢过早停长，严重时枝条枯死，花朵萎缩。根部生长明显受损，发生烂根。在严重缺乏时，生长点干枯。有落叶和早开花的倾向。新根过早地停止生长，根系短而有所膨大，有强烈分生新根的现象。轻度缺钙时，地上部分往往不出现症状，但树体生长减缓。幼苗缺钙，植株最多长到 30 厘米左右即形成顶芽，叶片数减少。缺钙时，果实着色亦较差。此外还会引起果实上皮孔大，裂果，储藏中溃烂，日灼病，木栓化，褐烫病，苦痘病（图 6-36、图 6-37，见彩图），水心病（图 6-38，见彩图）等。

2. 发生规律

主要原因是土壤中含钙量少。土壤酸度较高，钙易流失。前期干旱，后期供水过多，不利于钙的吸收利用。氮肥过多，修剪过重，会加重缺钙症状。

3. 防治措施

① 改良土壤，增施有机肥，促进氮、磷、钾、硼、锌、铜等元素稳定均衡供应。

② 施钙喷钙：在砂质土壤园中喷施或穴施石膏、硝酸钙、多效生物钙肥或氧化钙。果面、叶面多次喷布钙剂，如黄腐酸钙、钙尔美等。

③ 适度修剪，合理疏果，合理负载。

二十一、 霜环病

1. 为害症状

由花期及幼果期霜冻导致的生理性病害。苹果果面霜环病主要发生在果顶及果实胴部。果顶受害时，组织坏死，形成黑色环状干斑，严重的整个果顶呈圆形黑色坏死（图 6-39，见彩图）。胴部受害，出现舌状木栓化锈斑（图 6-40，见彩图）。有时表现为网状龟裂锈斑。幼果受害，果面凹凸不平，常变为黑绿色或黑褐色。不同苹果品种受害程度不同，一般陆奥、金帅最为敏感，元帅系和富士系也易受害。

2. 防治措施

霜环病防治的关键在于减轻霜冻的发生。可通过延迟发芽的方法，躲避霜冻的发生。在降温幅度不太大的情况下，可采用熏烟的方法减轻危害。在花果期发生冻害前喷施抗寒剂，可在一定程度上缓解冻害的发生。应用防霜机，可加速空气的流动，减少冷空气的沉积，也有一定的防治效果。

（1）预防霜冻

① 灌水防霜：苹果树萌芽至开花前，进行果园灌水，以稳定果园温度，有喷灌条件的地区，萌芽前可以对苹果树喷水，使树体温度维持在－1～0℃，以推迟花期，避免晚霜为害。另外枝干涂白，萌动期喷 0.5%氯化钙，均有延迟发芽的效果。

② 熏烟：在霜冻出现时，在苹果园内用烟雾剂或人工造雾，

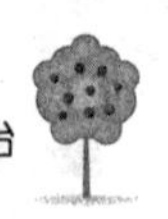

可取得较好的防霜效果但只能在最低温度不低于－3℃的情况下应用。

③ 苹果花果冻害发生（前后）喷施抗寒剂，增强果树抗寒性，促进花朵（芽）生长，防冻保花保果。

a. 喷施富万钾 800 倍液＋0.5％磷酸二氢钾＋0.5％蔗糖（白糖）＋多氧清 1000 倍液混合液。

b. 喷施佳上钾 800 倍液或益微 2000 倍液＋0.3％磷酸二氢钾＋0.5％蔗糖（白糖）＋3％多氧清 1000 倍液混合液。

c. 喷施海之宝或肽神 1000 倍液＋0.3％磷酸二氢钾＋0.5％蔗糖（白糖）＋多氧清 1000 倍液混合液。

d. 喷施维果天然生长调节剂 800 倍液＋绿贝 500 倍液＋0.2％速乐硼混合液。

④ 安装防霜机：对于规模经营的果园，可考虑安装防霜机，通过加速空气的流动，减少冷空气的沉积，以减轻危害。

（2）加强栽培管理　合理施肥，特别要适当增施磷肥，加强钙素营养，适量留果，防止早期落叶，增强树体和果实的抗冻能力。

二十二、 果锈

1. 为害症状

果实表面密生铁锈色小颗粒，突出果表面。严重发生时锈点连片，果面粗糙（图 6-41、图 6-42，见彩图）。储藏期皱皮严重。果实胴部锈斑称“胴锈”，果梗附近的锈斑称“梗锈”。

2. 发病原因

金冠、富士等品种果皮薄，细胞大，且排列疏松。果面角质层薄，易龟裂，下皮细胞疏松。所以，遇到不良因素刺激后，果表皮细胞易破裂，形成木栓细胞。下层细胞形成木栓形成层，局部细胞木栓化，成为一个果锈主斑。尤其幼果茸毛脱落后，蜡质角质层尚未形成，对外界条件反应敏感，因而果龄 40 天内最易出现果锈。此期一过则不易出现。

3. 发病特点

幼果期遇到阴雨天气，低温高湿易诱发果锈。此时如用药不当，如喷施波尔多液受铜离子刺激；喷雾器压力大、雾滴粗、混药种类过多、重喷等；树势衰弱，果园低洼潮湿等，均可诱发果锈。

4. 近年静宁苹果生产中果锈严重发生的原因

① 主栽品种为果锈易感品种，果锈的流行有基础。静宁苹果栽培的主栽品种为红富士，占到了栽培总量的85%以上，而且最早栽培品种多为普通富士及长富2号。由于红富士表皮细胞排列疏松，角质层薄，抗性差，果锈发病率高，这样的品种组成有利于果锈的暴发流行。

② 花期气候条件恶劣，导致了果锈的严重发生。近年来气候异常现象明显，静宁苹果产区在花期多发生低温、阴雨、扬沙等自然灾害，导致幼果果皮受损，发生不正常的分裂增殖，产生果锈。特别是2009年花期阴雨天气正好出现在花后10～13天，正处于果锈发生敏感期，刺激了果皮细胞的非正常生长；接着又经受了扬沙的危害，沙尘使幼果的果皮受损，产生了果锈；低温导致了霜环的产生，使受害部位果皮细胞坏死。这种种原因导致了果锈的严重发生。

③ 地理环境特殊，有利于锈病发生。静宁果锈发生严重的李店河流域，地势低洼，有利于冷空气沉积，锈病发生严重。而山区由于空气流畅，锈病发生轻微，对果实品质影响较小。

④ 栽培措施不同，锈病发生轻重各异。在同一地区，一般栽培密度小，树龄轻，树势健壮的果园锈病发生轻，而栽植密度大，果园郁闭，树体老化，长势衰弱的果园发病重。李店河流域苹果产区种植时间长，病菌积累多，病害发生重。而山区果园由于种植时间短，病菌量少，树体抗性强，表现病害轻。

另外肥水供给充足的果园，由于树势旺，抗病性强，锈病发生轻。特别是有机肥施用充足的果园，锈病发生轻微。而营养水平低时，树体抗性差，果锈发病重。套袋栽培时，果锈的发生与果袋质量有直接关系，果袋质量差，通透性不良的果锈发生严重；套袋子不规范，底部通气孔不通的，果锈发生严重；套袋过早，对果面茸

毛破坏较重者，果锈发生严重。

套袋前用药不当，叶面喷肥肥料选择失误，均易导致果锈大发生。特别是施用颗粒剂药肥、乳油剂农药及劣质农药，果实接触尿素、草木灰浸出液、沼液，都会使果皮出现木拴化，导致出现果锈。

⑤ 果实生长后期，降雨频繁，有利于病菌繁殖蔓延，会加重果锈的发生程度。

5. 防治方法

根据以上发生原因，果锈的防治应采取综合措施，重点抓好前期的防治，以减轻危害。

① 保持园内通透性良好，减轻果锈的发生。对于郁闭现象严重、光照恶化的果园，应通过间伐、落头、提干、开层等措施，使园内具有良好的通风透光条件，保持空气流畅，以降低果锈的发生程度。

② 复壮树势，提高树体抗性。通过增施有机肥，疏花疏果控制产量，回缩替换老化结果枝，保持树体健壮生长，可有效降低锈病的发生及蔓延。

③ 加强幼果期管理，提高御灾能力，减轻不良气候的影响。在花后1～2周内，要加强对低温、霜冻等自然灾害的防治。可通过园内灌水、喷水、熏烟等措施，减轻危害，防止果实表皮受损，这是关键。有条件的可试行花期及幼果期整园覆盖塑料棚，可一次投资，多年受益，在花后覆盖1～2周，可很好地避免果锈及冻害的发生。这种方法是可行的，南方在柑橘生产中已有应用，北方苹果产区可借鉴。

④ 适期套袋。套袋是避免果锈的有效措施，套袋时应避免过早进行，防止作业时导致果面茸毛脱落，果皮出现木栓化，发生果锈，所用袋应通风透气性良好，套时应撑膨袋体，让果实在袋子内悬空，袋口应封严，防止雨水进入、增加袋内湿度，减轻果锈的发生。

⑤ 套袋前正确使用农药，叶面肥。套袋前少用颗粒剂、乳油剂的农药。幼果期套袋前杀虫剂重点以苦参碱为主，杀菌剂重点以

多氧霉素为主，肥料应以氨基酸类肥料为主，尽量少用铜制剂、硫制剂、砷制剂、颗粒型叶面肥、沼液和草木灰浸出液。喷药时按说明及所需倍数进行喷施，做到雾化程度要高、要好，气压要大，喷头眼要细、小，喷头朝上。喷头距果面保持在25～30厘米距离以上，不能太近。要禁止用喷枪喷药。选择农药，一定要慎重。特别在幼果期、膨大期，坚决不可用有机磷和硫黄粉、铜离子等制剂及复配的保护剂农药，尽量不要用或少用硫酸锌、硫酸铁叶面肥以及市场上便宜但不规范的叶面肥等。特别在花后第一、第二、第三遍用药及果实膨大期要特别慎重，尽量选择对幼叶安全、无残留、无刺激且持效长、耐雨水冲刷的水分散粒剂和以生物农药为主。保护剂选用1.5%多抗霉素、3%多抗清、5%杀菌特、菌立灭、10%杀菌优、12.5%克纹霉；杀虫剂选用2%～3%齐螨素、蛾螨灵、灭幼脲等。苹果幼果期若遇低温或多雨天气，应在苹果落花后10天、20天分别喷施聚糖果乐600～800倍液，果锈率可减少85%以上。对果锈发生严重的果园及品种，可在落花后10～20天内喷石蜡乳化剂（螨乳液）20～30倍液，或27%高脂膜乳剂80～100倍液，或二氧化硅水剂30倍液，2～3次，可避免产生果锈。

在幼果期，果实膨大期定期喷施优质除锈净化果面叶面肥。特别在果实膨大期，每7～10天喷施聚糖果乐600～800倍液、红艳艳600～800倍液、红苹果2号600～800倍液、稀土肥料王300～500倍液，三喷果面净500～600倍液等，可使果实色泽鲜艳，果面光洁，果实鲜亮，优质好果率提高。

⑥ 套袋栽培时，在脱袋后，要及时喷1次保护性杀菌剂，保护果面，防止病菌侵染，减轻果锈的发生。

二十三、 日灼病

又称日烧病，是由于强烈的太阳照射或局部温度过高而引起的一种常见性生理病害，该病在金冠和红富士等品种上发生重。

1. 为害症状

果实、枝干均可染病。果实染病，多发生在果实发育中后期

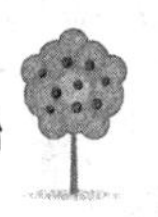

（果实膨大期），在果树中上部、顶梢、外轮叶片稀少或早期落叶造成的果实外露的向阳面，表现为外露果实的向阳面果面褪绿，果皮角质层形成有光泽近似透明的革质状，随时间推移逐渐由白转黄，再变成圆形或不定形褐色斑块，有时周围具红色晕或凹陷，果肉木栓化。日灼病仅发生在果实皮层，病斑内部果肉不变色，易形成畸形果。主干、大枝染病，向阳面呈不规则焦煳斑块，易遭腐烂病菌侵染，引致腐烂或削弱树势。

2. 发病原因

苹果果实膨大期正值盛夏和初秋，如果过于干旱，叶片遮蔽不好，持续高温，或雨（雾露）后暴热，容易发生日灼病。另外，果园管理粗放，植株生长发育不良，因病虫害发生重引起果树早期落叶等都可引发此病。阴天套袋果一次脱袋后，如天气突然转晴，则果实对高温的适应性差，易发生日灼病。

3. 防治方法

① 合理修剪，适当保留背上枝，以起遮阴作用，减轻日灼病的发生。

② 套袋果最好采用分次去袋法，先取掉外袋，过 5～7 天，再将内袋摘除。如天气预报有 3 天以上连续阴天，可一次性将果袋脱掉，在脱掉果袋后，如遇天气转晴，可用被单、床单、遮阳网等遮阴，以减轻日灼病的危害。要避免在上午 11 时至下午 2 时高温时段去袋。

③ 加强果实膨大期水肥管理，有浇水条件的果园及时浇水，同时注意适量施用氮肥，增施磷钾肥，叶面喷施牛奶、氨基酸钙、生态膜制剂等，以减轻病害的发生。

④ 叶面喷布磷酸二氢钾及光合微肥，提高叶片光合强度，降低蒸腾作用，促进有机物合成，减少果实日灼现象的发生。

二十四、 裂果

1. 为害症状

苹果裂果表现为果实上产生裂纹或裂缝（图 6-43、图 6-44，见彩图)。裂果形式有多种：有的从果实侧面纵裂，有的从梗洼裂口向果实侧面延伸，还有的从萼部裂口向侧面延伸。裂纹不规则，有深有浅。裂缝易感染病害，导致果实腐烂。

2. 发病原因

果实生长前期如果土壤过分干旱，果实进入转色期至近成熟期，气孔张开，果实缝合线部位细胞排列致密性差，若遇连续降雨或暴雨，导致土壤水分急剧增加，果树根系迅速吸收水分而使果实急剧膨大，果实表皮易胀裂而出现裂果。另外，在果实生长后期，当果肉细胞仍在继续膨大时，如果此时温度下降，果皮就会收缩，而仍在膨大的果肉细胞则会撑开果皮，导致果皮出现裂纹。药害、病虫为害的部位，常造成部分果皮停止生长，此点将成为裂果的起裂点。果实阳面的果皮受到阳光直射后，出现细小日灼伤痕，果皮韧性降低，易出现裂果。幼树或高接树在结果初期，新梢生长旺盛，枝条直立，易造成裂果；角度开张、长势中庸的枝条上裂果少。

3. 防治方法

要降低裂果率必须加强土壤管理，增施有机肥，重视平衡施肥，控制氮肥用量，及时补充钙、硼、钾等肥料。通过果园深翻、增施有机肥料等措施，提高土壤有机质含量和改良土壤结构，增加其蓄水保墒的能力。适时适量灌水，稳定土壤的水分含量，不让果皮细胞过早停止生长。另外，还要通过修剪技术控制树势，维持树势中庸状态，也可有效降低裂果率。幼果期套纸袋，将果实保护起来，避免果实受到外界的损害，减少雨水和光线对果实的刺激，可明显地降低裂果率。除了完善生产技术外，还可以在盛花后 2～3 周，向幼果喷洒 500～600 倍液绿鲜威（一种水果保鲜剂）加 0.3%尿素液，每隔 1 周喷 1 次，对减少裂果也有很好的效果。

二十五、 煤污病

1. 为害症状

煤污病是苹果果皮外部发生的病害，果实表面产生褐至黑褐色

污斑，边缘不明显，似煤烟尘落。其菌丝层很薄，可用手擦去。常沿雨水流动的方向发病，俗称“水锈”（图 6-45，见彩图）。几乎所有苹果园，所有品种都有不同程度的发病。影响果品外观质量，降低等级和经济价值。

2. 发病特点

病菌为仁果粘壳孢菌，属半知菌亚门真菌。菌丝全部或几乎全部着生在果表面，形成菌丝层，上生黑点，即分生孢子器。有时菌丝细胞分裂成厚垣孢子状。分生孢子器半球形，内生分生孢子，圆筒形，壁厚，无色，直或稍弯，双胞。

以菌丝和孢子器在苹果芽、果台、枝条上越冬。次年春以分生孢子和菌丝随风雨、昆虫传播。侵染叶、枝、果实表面，自 6 月上旬至 9 月下旬均可发病。侵染集中于 7 月初到 8 月中旬，高温多雨季节繁殖扩展迅速，可多次再侵染。凡树冠郁密、管理粗放的果园，防治不及时，可在半月内果面污黑，严重发病。另绵蚜、康氏粉蚧等危害也会伴生出现煤污现象。

3. 防治方法

（1）夏季管理　7 月对郁闭果园进行 2 次夏剪，疏除徒长枝、背上枝、过密枝，同时注意除草和排水。

（2）打药保护

一般果园应结合炭疽病、轮纹病、褐斑病等综合防治。山地果园在多雨季节、窝风地块应防治 3～5 次。7 月每 10 天打药 1 次。除波尔多液外，还可用 50%农利灵（乙烯菌核利）可湿性粉剂 1200 倍液，或 75%百菌清可湿性粉剂 800～900 倍液，或 50%苯菌灵可湿性粉剂 1500 倍液，或 70%甲基托布津可湿性粉剂 1000～1500 倍液。有绵蚜、康氏粉蚧危害的果园要加强虫害的防治，以减轻危害。

二十六、 果树再植病

随着我国苹果栽培时间的延长，苹果树生产更新压力加大，建于 20 世纪 80～90 年代的果园，由于品种老化、树龄老化等原因导致结果能力下降，生产效益的提升受到极大的限制，迫切需要进行改良更新，而进行更新时面临的一个最大问题是再植病。在老果园的旧址上建新园，常常出现成活率低、园貌不整齐现象。进入生长期后，地上部新梢生长量小，发枝少，节间短，叶片较小，颜色较淡，常形成簇生叶；地下部根系小，分枝少，吸收根上出现变色斑点，进而导致吸收根和毛细根坏死腐烂；因根系受损吸收水分养分能力减弱，造成植株矮小衰弱，严重时整株死亡；造成缺苗断垄，园相差。这种种表现即为苹果的再植病。

1. 引发苹果再植病的原因

果树再植病是前茬果树遗留在土壤中的有害微生物、有害物质累积，有效养分减少和土壤结构变劣等诸多因素综合作用的结果。

（1）有害物质的累积，影响后茬果树的生长　果树长期生长在一个固定的地方，致使某些病虫孳生严重，产生许多有害物质，如根皮苷、生物碱等。在前茬果树刨掉后，这些土壤中的根系分泌物和残留根，经土壤微生物分解，会产生有毒物质。这些有毒物质的大量积累，会抑制新栽果树根系的生长，甚至会杀死新根，导致幼树长势衰弱，甚至死亡。

（2）土壤微生物的侵害　苹果树长期固定在同一地点生长，在根系周围会形成一定的微生物群落，这些微生物群落有些对苹果有益，有些对苹果生长有害。随着果树生长时间的延长，有害微生物的数量也相应地增多，特别是土传病原真菌中的尖孢镰刀菌、茄病镰刀菌是重茬病潜在的致病因素。起初会造成吸收根、须根、细根变色坏死，逐渐向上蔓延到肉质根和大根，引起地上部病变。在挖除掉老苹果树后，这部分有害微生物并不能消除，极易引起根腐、根朽，往往造成根系生长受阻，导致树体生长衰弱或定植后不久死亡。

（3）土壤营养元素缺乏　苹果为高产作物，在生长过程中会消耗掉大量的土壤营养，同类果树根系在土壤中吸收的营养成分基本相同，连续种植同一种果树会形成对某些元素的过度消耗，使土壤中的营养成分特别是铁（Fe）、锌（Zn）、锰（Mn）等微量元素和

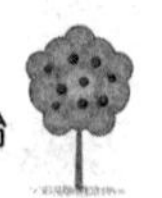

稀土元素严重"透支"，致使土壤养分平衡被严重破坏，出现营养缺乏现象，导致果树呈饥饿自损或过盛状态。在这样的土壤上再种植苹果，营养没有保障，树体多易出现生长不良现象。

（4）线虫寄生　线虫在土壤中生活，寄生于植物的根系和地下茎中，主要线虫种类有针线虫和根腐线虫等。为害方式一是吸食根液，二是分泌毒素，三是传播病毒。在果树生长过程中，有的会感染线虫。在再植的情况下，大量线虫危害再植果树根系，导致幼树根系生长不良。

（5）土壤酸化　原茬苹果生长过程中的分泌物易使土壤酸化。果树生长过程中，大量吸收消耗正离子元素，也可促使土壤酸度加重，土壤有益微生物减少，土壤板结，镰刀菌附生。营养元素有效性下降（在酸性条件下易被盐化固定），导致某些营养元素缺乏，生长不良。

2. 解决果树再植病的主要对策

（1）土壤改良　最好的办法是进行客土栽培，将果园内原有土壤挖掉50～60厘米厚的一层，再用没有种过苹果的园外土壤将地填平，然后再植苹果树，可有效防止再植病的发生。但这一措施较费工，不太现实，生产中应用的范围有限。生产中应用较广泛的方法是土壤深翻并消毒，方法是将定植穴或定植沟内的土壤挖出，捡拾净土壤中的残根，把土散开，进行暴晒，利用夏季高温，杀灭病菌。在秋季回填，回填时用40%甲醛100倍液对定植穴土壤喷雾消毒，每穴可喷雾10千克药液。整行回填结束后，及时用地膜将栽植行覆盖，以杀死土壤中的病菌。也可用氰氨化钙进行消毒，每亩用30～60千克的氰氨化钙均匀撒施在地表，然后深翻，使氰氨化钙与土壤混合均匀，再浇水，覆盖地膜，杀灭病菌。氰氨化钙遇水分解后生成气态的单氰氨和液态的双氰氨，都对土壤中的真菌、细菌等有害生物具有广泛性的杀灭作用，可防治多种土传病害及地下害虫，并对根结线虫有一定的防治效果。还可用广谱性消毒剂氯化苦、溴甲苯等杀菌消毒。一般用氯化苦杀菌时每立方米土壤施入22.5克，用溴甲苯杀菌时每立方米土壤施入100克，可杀死土壤中的线虫、真菌、细菌等有害生物。每棵树在定植时穴部施入50克左右。也可采用溴甲烷和氯化苦混合物进行消毒，一般在每立方米土壤内搅拌加入50克70%溴甲烷和22.5克氯化苦的混合物，也可单独在每立方米土壤中施入100克溴甲烷进行防治。线虫危害严重的果园，可用克线灵、米尔乐等药剂杀灭。在开沟或挖穴时施入，一般每亩施用克线灵2.5～3千克、米尔乐4～6千克，可通过胃毒、熏蒸杀死根节线虫等。也可用熏蒸剂如二氯乙烯、二氯丙烯来熏蒸土壤（施入后用地膜覆盖）杀死线虫。

（2）轮作　在老果园挖除干净后，最好不要急于重新栽树，应种植3～5年粮食作物或绿肥，以培肥地力，有效地增加土壤中的有益微生物，通过耕作，改良土壤理化性状。也可种植需水较多的农作物，通过增加灌水，加速有害物质的淋溶，促进土壤改良，然后再栽树。

（3）增施有机肥　在老果园旧址上新栽苹果树时，要施足有机肥，以补充土壤中营养元素，增加土壤有机质含量，促进土壤拮抗菌的繁殖，以优化土壤结构，为苹果树的生长创造良好的条件。

（4）对新栽苗木进行消毒处理　栽前用3～5波美度石硫合剂或50%的多菌灵500倍液浸根消毒10～20秒，然后用清水冲洗根部，再栽植，有利提高成活率。如苗木量少，可用0.1%汞液浸泡20秒，也可用等量式波尔多液浸10～20秒，再用清水冲洗根部后栽植。

（5）施用VAM真菌　VAM真菌是一种与果树共生性泡丛状菌根真菌。该真菌能够扩大果树根系的吸收面，帮助果树吸收不易被吸收的营养元素和水分，修复退化和污染的土壤，提高土壤质量。此外VAM真菌还可固定氮素，增加土壤肥力，施入后，可促进果树生长和结果。接种VAM真菌最好在土壤消毒的基础上进行，效果更加显著。

（6）选用抗性苗木及无病毒苗木　苹果砧木不同，对重茬病的抵抗能力是不一样的，选用抗性强的果树苗木，可以很好地防重茬病。无病毒苗木生长旺盛，抗病力强，重茬地上栽无毒苗可以在一

定程度上克服由重茬病造成的幼树生长不良现象。

（7）清园　绝大多数非专一性寄生的真菌和细菌，都能在染病寄主的枯枝、落叶、落果和残根等植物残体中存活，或者以腐生的方式存活一定时期。果树病残体是果树发病和病害流行的重要初侵染源和再侵染源。老果园更新或苗木出圃后，应尽量消除果树或果苗的残根、落叶和果园周围的杂草，并进行集中烧毁或深埋。

二十七、 根部主要病害的发生及防治

1. 根部的主要病害

（1）圆斑根腐病　初发病时叶片失水干枯，向主脉扩展，有红褐色晕带，发展严重时病株局部叶簇萎蔫，叶片失水黏着在枝条上，发病轻时过一段时间后会长出新叶。与树上发病部位垂直对应的根系发病，根皮层坏死，易剥离，病根基部有红褐色圆形病斑，病菌深入木质部后根变黑死亡。

（2）根癌病　根部受害形成大如核桃、小如豆粒的黑褐色肿瘤，受害植株树势弱，叶片黄化，产量下降，树龄缩短。

（3）根朽病　病株局部或全株叶小而薄，易黄化脱落，新梢短，果实小，根部呈水渍状紫褐色溃烂，皮层和木质部之间有白色菌丝，并有蘑菇气味。

（4）白绢病　发病部位在根颈部，病部呈现水渍状褐色病斑，病斑上长有白色菌丝，病部及地表裂缝中长有褐色菌核。该病在沙滩地或土壤黏重、排水不良的果园易发生。

（5）生理性烂根：排水不良的黏土地，含盐量过大、地下水位太高的果园易患此病，根部长期淹水，不长毛根，皮层腐烂，主根干枯死亡，叶片黄化，叶缘干枯。

2. 防治措施

① 增施有机肥，使用抗生素及饼肥，以增强树势，提高抗病能力。

② 及时排除积水，科学用水，防止果园过干或过湿。

③ 病害发生后，切除病根，消毒晾根，换上新土，用高浓缩氨基酸肥 5 倍涂刷树干和主枝，间隔 15 天，连续涂刷 3 次。

④ 病根和土壤药剂消毒，可用立杀菌 500 倍液或 70%甲基托布津 1000 倍液等杀菌剂灌根。

第七章

苹果生产中的主要虫害及防治

第一节　虫害的概念及发生条件

一、虫害的概念

指因昆虫取食和产卵等行为造成苹果经济损失的现象。

二、虫害发生的条件

1. 虫源

虫源是造成虫害的基础，在同一条件下，虫源基数越大，造成虫害的可能性也越大。

2. 一定的种群密度

有虫源并不一定就会造成危害，只有害虫的种群密度发展到足以造成危害的程度时才能造成虫害。

3. 适宜的寄主植物和（敏感的）发育阶段

苹果生产中的虫害只有在苹果类作物存在的情况下，才能生存，在条件适宜的情况下，会对苹果产量及品质造成危害，进而影响苹果的生产效益。

三、虫害的特点

苹果生产中，由于害虫种类具有多样性，从根到枝、叶、花、果均会受害，受害时期从春到秋时间漫长，防治是相当复杂的。有的可兼防，有的要采取专门的防治措施，要对其形态特征、发生规律、危害特性进行全面了解，针对性地采取措施，控制危害。

第二节 危害苹果的主要虫害及防治

一、 蚜虫

对苹果生产影响较大的蚜虫主要有绵蚜、黄蚜、瘤蚜。

1. 苹果绵蚜

苹果绵蚜是影响全世界苹果生产的重要害虫之一，2013 年被我国列入危险性有害生物名单，是重点检疫对象。由于苹果绵蚜繁殖量大，潜伏能力强，能分泌白色絮状物覆盖并保护其虫体，防治难度较大，近年来危害在逐年加重，上升为主要害虫之一，已严重的威胁苹果产业的发展。

（1）为害特征　苹果绵蚜一般通过刺吸树液为害，主要为害枝干和根系。常群集在枝干的伤口、锯剪口、老皮裂缝、新梢叶腋、短果枝、果柄、果实的梗洼和萼洼等处刺吸汁液。同时分泌体外消化液，果实萼洼处被害引起发育不良。枝干被害后，起初形成平滑而圆的瘤状突起，并在受害处产生白色棉絮状蜡质物或瘤状虫瘿。严重时肿瘤增多，有些肿瘤破裂，造成大小和深浅不同的伤口（图 7-1～图 7-3，见彩图），成为其新的栖息场所和其他病菌的入侵口。绵蚜体外排泄的体液可造成树体、叶片发黑，污染果面，因叶片光合作用受到破坏而提前脱落，产量品质下降。绵蚜为害直接影响根系和枝干营养输导，导致树势衰弱，抗寒、抗旱能力下降，寿命缩短。低龄若虫可随绵毛传播，经风雨吹落地面，在根蘖或浅根上为害，造成根部肿大、畸形，侧根受害形成肿瘤后，不再生须根，并逐渐腐烂。发生严重时树势衰弱，产量降低，以致全树枯死。

（2）形态特征　无翅孤雌蚜体卵圆形，长约 2 毫米，头部无额瘤。腹部膨大，黄褐色至赤褐色，复眼暗红色，眼瘤红黑色

（图 7-4，见彩图），口喙末端黑色，其余赤褐色。生有若干短毛，其长度达后胸足基节窝。触角 6 节，长度为体长的 1/4，第 3 节最长，为第 2 节的 3 倍，稍短或等于末 3 节之和，第 5、第 6 节基部有一小圆初生感觉孔。腹部体侧有侧瘤，着生短毛；腹背有 4 条纵列的泌蜡孔，分泌白色的蜡质和丝质物，群体在苹果树上严重为害时如挂棉绒。腹管环状，退化，仅留痕迹，呈半圆形裂口。尾片呈圆锥形，黑色。

有翅胎生雌蚜体椭圆形，长 1.7～2.0 毫米，翅展 5.5 毫米，前翅中脉有一分支，后翅翅脉 3 根，体暗褐色，较瘦。头胸黑色，腹部橄榄绿色，全身被白粉。复眼红黑色，有眼瘤。单眼 3 个，颜色较深。口喙黑色。触角 6 节，第 3 节最长，有环形感觉器 24～28 个。翅透明，翅脉和翅痣黑色。腹部白色绵状物较无翅雌虫少。腹管退化为黑色环状孔。

有性蚜雌虫体长 1 毫米，宽 0.4 毫米，淡黄褐色，头、触角、足均为淡黄绿色，腹部红褐色，被少许绵状物，触角 5 节。雄蚜体长 0.7 毫米，黄绿色，触角 5 节。

若蚜分有翅与无翅两型，共 4 龄。1 龄时为扁平圆筒形，黄褐色，体长 0.6 毫米；2 龄后渐变为圆锥形，红褐色，触角 5 节，体长 0.8 毫米；3 龄体长 1.0 毫米；4 龄时体长 1.45 毫米，体上有白色蜡绵。有翅若蚜与无翅若蚜 3 龄以下难以区分，到 4 龄时，有翅若蚜体上有两个黑色翅芽。

卵长 0.5 毫米左右，宽 0.2 毫米左右，椭圆形，一端略大精孔突出，表面光滑，外被白粉。初产为橙黄色，渐变褐色。

（3）发生规律　以孤雌繁殖方式产生胎生无翅雌蚜。在陇东每年发生约 18 代，以 1～2 龄若虫在果树上比较隐蔽且不易受到寒风直接侵袭的树皮下、伤疤裂缝、剪锯口和根部分蘖处及残留的蜡质绵毛下越冬。在根部越冬的苹果绵蚜为无翅的若虫、成虫，其越冬期不休眠，继续为害。4 月上旬，越冬若虫即在越冬部位开始活动为害，5 月上旬开始胎生繁殖，初龄若虫逐渐扩散、迁移至嫩枝叶腋及嫩芽基部为害。苹果绵蚜近距离传播主要是通过人们在树下操作时的衣帽、工具，果箱、果筐、修剪下来未处理好的有虫枝条，夏季有翅蚜的迁飞、1龄若虫的爬行，以及风力的传送等途径。远距离传播主要是靠苗木、接穗、果实及其包装物的调运传播途径。5月下旬至7月初平均气温达22～25℃时，为全年繁殖盛期。6月下旬至7月上旬出现全年第1次盛发期。7～8月受高温和寄生蜂影响，虫口密度减少。9月中旬以后，天敌减少，气温下降，出现第2次盛发期。至11月中旬平均气温降至7℃时，开始冬季休眠。

（4）防治措施

① 加强检疫：严格进行产地检疫和调运检疫，防止疫情蔓延扩散。

② 提高树体抗病虫能力：加强土肥水管理，使树体合理负载，树冠通风透光，增强树势。

③ 农业防治：在休眠期的冬季和早春，刮除老树皮、伤口、伤疤等处的绵蚜越冬群落和死组织；清除树冠下杂草、落叶、根蘖，修剪时剪除虫枝、虫叶、虫果带出果园集中烧毁，降低绵蚜密度；深翻树盘，增施有机肥。

④ 药剂防治：由于苹果绵蚜各种虫态均覆有白色绵状物，最好选择具有强渗透性的药剂。喷药时期应重点在苹果绵蚜发生高峰前，其中花前和花后7天是树上施药防治的关键时期。施药时应喷洒周到、细致；喷雾压力要大，喷头直接对准虫体，将其身上的白色蜡质毛冲掉，使药液触及虫体，以提高防治效果。连片的果园最好同时喷药，以防止绵蚜扩散。具体时期及用药如下。

a. 苹果树发芽前，全树喷布较高浓度的对蚜虫有较好防效的10%吡虫啉可性粉剂1000倍液或90%万灵1000倍液、或48%乐斯本乳油1000倍液、或50%抗蚜威乳油1500倍液、或1.8%阿维菌素3000倍液。也可喷95%机油乳剂150倍液。

b. 苹果树开花前后和绵蚜盛发期（5～7月）用90%万灵3000倍液、或3%啶虫脒乳油2500～3000倍液、或10%吡虫啉1500倍液、或48%乐斯本（毒死蜱）1500倍液、或40%蚜灭灵乳油1500倍液、或20%丁硫克百威可湿性粉剂、农地乐、阿维菌素轮换

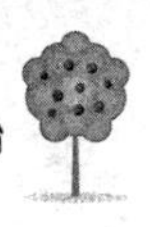

喷布。

c. 9 月继续用上述药剂喷雾，压低越冬基数。

d. 药剂灌根：苹果树萌芽期，于树基部挖直径 50 厘米以内的沟，用 50%辛硫磷 1000 倍液或 48%乐斯本 300～500 倍液、或 40%速扑杀 800 倍液、或 10%吡虫啉 1500～2000 倍液、或 35%抗蚜威可湿性粉剂 2000 倍液灌根，待药液渗入后盖土填平沟，消灭浅土层若虫。

e. 树干涂药环：从 5 月上旬开始，在距地面 40 厘米的主干处刮皮，涂 5 厘米宽的 40%蚜灭多乳油 30～50 倍液或 10%吡虫啉 50 倍液药环，内用报纸、外用塑料布（膜）包好，10 天左右去掉塑料布（膜）。

2. 黄蚜

又名绣线菊蚜。

（1）为害特征　主要为害苹果、沙果、海棠、木瓜等。以若蚜、成蚜群集于寄主嫩梢、嫩叶背面及幼果表面刺吸为害，受害叶片常呈现褪绿斑点，后向背面横向卷曲或卷缩。群体密度大时，常有蚂蚁与其共生（图 7-5，见彩图）。

（2）形态特征　有翅胎生雌蚜，头、胸部和腹管、尾片均为黑色，腹部呈黄绿色或绿色，两侧有黑斑。无翅胎生雌蚜体长 1.4～1.8 毫米，纺锤形，黄绿色，复眼、腹管及尾片均为漆黑色。若蚜鲜黄色，触角、腹管及足均为黑色。卵椭圆形，漆黑色。

（3）发生规律　每年发生 10 余代，以卵在寄主枝梢的皮缝、芽旁越冬。翌年苹果芽萌动时开始孵化，约在 5 月上旬孵化结束。初孵若蚜先在芽缝或芽侧为害 10 余天后，产生无翅和少量有翅胎生雌蚜。5～6 月间继续以孤雌生殖的方式产生有翅和无翅胎生雌蚜。6～7 月间繁殖最快，产生大量有翅蚜扩散蔓延造成严重危害。7～8 月间气候不适，发生量逐渐减少，秋后又有回升。10 月间出现有性雌、雄蚜，雌雄交尾产卵，以卵越冬。

（4）防治措施

① 冬季结合刮老树皮，进行人工刮卵，消灭越冬卵。

② 苹果萌芽时（越冬卵开始孵化期）和5～6月间产生有翅蚜时，蚜虫繁殖快，世代多，用药易产生抗性。选药时建议用复配药剂或轮换用药，可用50%啶虫咪水分散粒剂3000倍液，10%吡虫啉可湿性粉剂1000倍液，40%啶虫毒乳油1500～2000倍液，或啶虫咪水分散粒剂3000倍液+5.7%甲维盐乳油2000倍液混合液喷雾，均可针对性防治。防治时在常规用药基础上缩短用药间隔期，连用2～3次。

③ 果树生长期喷布50%辟蚜雾（抗蚜威）可湿性粉剂2000～3000倍液或20%灭扫利乳油2000～4000倍液，可兼治红蜘蛛。

④ 以40%氧化乐果、久效磷等内吸性杀虫剂乳油10～20倍液树干涂环、注干或浸根防治，既可减少农药对大气、土壤和水质等的环境污染，又可保护果园中的害虫天敌。

3. 苹果瘤蚜

（1）为害特征　寄主植物主要有苹果、沙果、海棠、山荆子等。成蚜、若蚜群集叶片、嫩芽吸食汁液。通常仅为害局部新梢，被害叶由两侧向背面纵卷成条筒状，有时卷成绳状，叶片皱缩。瘤蚜在卷叶内为害，叶外表看不到瘤蚜，被害叶逐渐干枯（图7-6，见彩图）。

（2）形态特征　无翅胎生雌蚜体长1.4～1.6毫米，近纺锤形，体暗绿色或褐色，头漆黑色，复眼暗红色，具有明显的额瘤。有翅胎生雌蚜体长1.5毫米左右、卵圆形，头、胸部暗褐色，具明显的额瘤，且生有2～3根黑毛。若虫似无翅蚜，体淡绿色。其中有的个体胸背上具有一对暗色的翅芽，此型称翅基蚜，日后则发育成有翅蚜。卵为圆形，黑绿色而有光泽，长径约0.5毫米。

（3）发生规律　每年发生10多代，以卵在1年生枝条芽缝、剪锯口等处越冬。翌年4月上旬，越冬卵孵化，自春季至秋季均孤雌生殖，发生为害盛期在6月中下旬。10～11月出现有性蚜，交尾后产卵，以卵态越冬。

（4）防治措施　苹果树展叶初期是苹果瘤蚜越冬卵孵化盛期，也是防治的关键期，应细致喷药。

① 陇东地区苹果瘤蚜的卵孵化始期在4月初，4月中旬为孵化盛期，当孵化率达80%时，及时用30%桃小灵乳油2500倍液或5%高效氯氰菊酯兑10%吡虫啉1000倍液、或10%吡虫啉可湿性粉剂4000～5000倍液、或20%啶虫脒可溶粉剂13000～16000倍液、或1.8%阿维菌素乳油3000～4000倍液、或48%乐斯本1500倍液、或4%阿维菌素·啶虫脒乳油4000～5000倍液等药剂交替喷雾防治。用药时淋洗式喷布，做到枝、叶芽全面着药，力争全歼，不留后患。

② 用48%乐斯本200倍液涂干，也有很好的防治效果。

③ 结合夏剪，剪除受害枝梢，并保护天敌。

二、 螨类

螨类在20世纪80年以前对苹果危害较轻。自有机合成广谱杀虫剂DDT、有机磷等大量使用后，天敌被大量杀灭，螨类对苹果的危害性大大增强，已成为苹果生产中的重要虫害。危害苹果的螨类主要有山楂红蜘蛛、苹果红蜘蛛、果台螨和二斑叶螨。

1. 为害特征

（1）山楂叶螨　又称山楂红蜘蛛，主要为害苹果树的叶片、嫩芽和幼果。叶片受害时，红蜘蛛群居叶背面，吐丝拉网，丝网上黏附微细土粒和卵粒；叶正面出现许多苍白色斑点，受害严重时，叶背面出现铁锈色症状，进而脱水硬化，全叶变黄褐色枯焦，形似火烧。受害严重的果园，6～7月间大部分叶即可脱落，促成受害果树二次开花发芽，受害严重的芽，不能继续生长而枯死（图7-7，见彩图）。

（2）苹果红蜘蛛　嫩芽受害常不能正常展叶开花，甚至整芽死亡，受害叶正面布满黄白色斑点，最后全叶枯黄，一般不提早落叶，也不拉丝结网（图7-8、图7-9，见彩图）。

（3）果台螨　又名苹果长腿红蜘蛛、苜蓿红蜘蛛，主要在寄主叶片正面吸食为害，能形成较大的褪绿斑点，叶片背面无铁锈色。此种红蜘蛛不吐丝拉网，受害叶柄、枝条等处附有大量的白色螨皮，可造成叶片枯焦、早落。

（4）二斑叶螨　二斑叶螨主要寄生在叶片的背面取食，刺穿细胞，吸取汁液。受害叶片先从近叶柄的主脉两侧出现苍白色斑点，随着危害的加重，可使叶片变成灰白色及至暗褐色，抑制光合作用的正常进行，严重者叶片焦枯以致提早脱落。另外，该螨还释放毒素或生长调节物质，引起植物生长失衡，以致有些幼嫩叶呈现凹凸不平的受害状，大发生时树叶、杂草、农作物叶片一片焦枯现象。二斑叶螨有很强的吐丝结网集合栖息特性，有时结的网可将全叶覆盖起来，并罗织到叶柄，甚至细丝还可在树株间搭接，螨顺丝爬行扩散。

2. 形态特征

（1）山楂叶螨（图 7-10，见彩图）　成雌螨有冬、夏型之分。冬型体长 0.4～0.6 毫米，朱红色有光泽；夏型体长 0.5～0.7 毫米，紫红或褐色，体背后半部两侧各有 1 大黑斑，足浅黄色。体均卵圆形，前端稍宽有隆起，体背刚毛细长 26 根，横排成 6 行。雄成虫体长 0.35～0.45 毫米，纺锤形，第 3 对足基部最宽，末端较尖，第 1 对足较长，体浅黄绿至浅橙黄色，体背两侧出现深绿长斑。

幼螨足 3 对，体圆形黄白色，取食后卵圆形浅绿色，体背两侧出现深绿长斑。若螨足 4 对，淡绿至浅橙黄色，体背出现刚毛，两侧有深绿斑纹，后期与成螨相似。

（2）苹果红蜘蛛（图 7-8，见彩图）　雌成虫体长 0.34 毫米，近似半卵圆形，背面明显隆起，体表有横皱纹，体背有 13 对刚毛，刚毛粗长，着生在黄白色瘤状突起上，足黄色，虫体初为红色，取食后变为暗红色。雄成虫体浅橘红色，取食后深橘红色，体长 0.28 毫米，腹部末端较尖。卵呈洋葱头状而上方稍扁平，顶上有一短柄。夏卵橘红色，冬卵深红色。由越冬卵孵化出的幼虫体色淡红，取食后为暗红色；由夏卵孵化出的幼虫体色淡黄，逐渐变为橘红色，最后变为深绿色。幼虫足 3 对。若虫足 4 对，分前期若虫和后期若虫。前期若虫体色比幼虫深，足较长；后期若虫与前期若虫

相似，但腹部的刚毛数和排列方式不同。后期若虫已可区别雌雄体，雄虫体末端较尖。

（3）果台螨　雌成螨体长约0.45毫米，宽0.29毫米左右。体圆形，红色，取食后变为深红色。背部显著隆起。背毛26根，着生于粗大的黄白色毛瘤上；背毛粗壮，向后延伸。足4对，黄白色；各足爪间突具坚爪，镰刀形；其腹基侧具3对针状毛。

雄螨体长0.30毫米左右。初蜕皮时为浅橘红色，取食后呈深橘红色。体尾端较尖。刚毛的数目与排列同雌成螨。

卵葱头形。顶部中央具一短柄。夏卵橘红色，冬卵深红色。

幼螨足3对。由越冬卵孵化出的第1代幼螨呈淡橘红色，取食后呈暗红色；夏卵孵出的幼螨初孵时为黄色，后变为橘红色或深绿色。

若螨足4对。有前期若螨与后期若螨之分。前期若螨体色较幼螨深；后期若螨体背毛较为明显，体形似成螨，已可分辨出雌雄。

（4）二斑叶螨　成螨体色多变有浓绿、褐绿、黑褐、橙红等色，一般常带红或锈红色。体背两侧各具1块暗红色长斑，有时斑中部色淡分成前后两块。体背有刚毛26根，排成6横排。足4对。雌体长0.42～0.59毫米，椭圆形，多为深红色，也有黄棕色的；越冬者橙黄色，较夏型肥大。雄体长0.26毫米，近卵圆形，前端近圆形，腹末较尖，多呈鲜红色。

卵球形，长0.13毫米，光滑，初无色透明，渐变橙红色，将孵化时现出红色眼点。

幼螨初孵时近圆形，体长0.15毫米，无色透明，取食后变暗绿色，眼红色，足3对。前期若螨体长0.21毫米，近卵圆形，足4对，色变深，体背出现色斑。后期若螨体长0.36毫米，黄褐色，与成虫相似。雄性前期若虫脱皮后即为雄成虫。

3. 发生规律

螨类的发育繁殖适温为15～30℃，属于高温活动型。在热带及温室条件下，全年都可发生。温度的高低决定了螨类各虫态的发育周期、繁殖速度和产卵量的多少。干旱炎热的气候条件往往会导致其大发生。螨类发生量大，繁殖周期短，隐蔽，抗性上升快，难以防治。

（1）山楂叶螨　每年发生6～9代，以受精雌成螨越冬，主要在树干翘皮下和粗皮缝隙内，严重年份也可在落叶下、杂草根际及土缝中越冬。翌年苹果花芽萌动期开始出蛰，出蛰期达40天。成螨出蛰后，先在花芽上为害；展叶后，在叶背为害并产卵繁殖；落花后7～10天出现第1代成螨。第2代以后世代重叠。成螨不善活动，常于叶背为害，有吐丝结网习性，卵多产于叶背主脉两侧和丝网上。

（2）苹果红蜘蛛　每年发生6～8代，以卵密布在短果枝、果台基部、芽周围和1～2年生枝条的交接处越冬。翌年苹果花芽膨大时，越冬卵开始孵化，孵化期比较集中。西北果区6月上旬左右出现第2代成螨，以后世代重叠严重。成螨多于叶正面主脉凹陷处和叶背主脉附近产卵，很少吐丝结网。活动态螨多于叶正面取食为害。越冬卵孵化后，先在嫩叶和花器上进行为害，以后逐渐向全树扩散蔓延。

（3）果台螨　每年发生3～5代，以卵在枝条阴面、枝条裂皮缝、枝杈、果台等处越冬。苹果花芽萌动期越冬卵开始孵化，落花后出现越冬代成螨。一般6～7月为全年为害盛期。成螨较活泼，多集中在叶正面为害，无吐丝习性。

（4）二斑叶螨　每年发生10余代，以雌成螨在树体根颈处、杂草根部、落叶、覆草下及树体老翘皮、裂缝中等处越冬。幼树上多在根颈周围的土缝中越冬，大树则主要在老翘皮及树皮裂缝中越冬。苹果萌芽期，越冬雌成螨开始出蛰，先在树冠内膛取食为害、产卵繁殖，以后逐渐向树冠外围扩散。高温干旱有利于害螨繁殖，7月下旬至8月中旬达全年为害高峰。严重时，叶片变色，表面布满丝网，常造成落叶。

4. 防治措施

4种叶螨虽然发生为害习性不尽相同，但具体防治措施大同小异。由于螨类具有繁殖率高、适应性强、易产生抗药性等特点，生

产中防治难度较大，都要以休眠期措施为基础，重点抓住前期药剂防治；而后根据害螨发生情况，掌握灵活喷药。

（1）人工防治　苹果萌芽前，彻底刮除树干老皮、粗皮、翘皮，或在主干上选一光滑部位，将翘皮刮除一圈（宽约5厘米），然后涂一周粘虫胶，阻止越冬雌虫上树产卵，认真清理果园内的枯枝、落叶、杂草，并集中深埋或烧毁，消灭害螨越冬场所。此法对山楂叶螨和二斑叶螨效果最为突出。生长季节注意清除园内杂草，特别是阔叶杂草；及时剪除树干和内膛萌发的徒长枝，减少害螨滋生场所，压低上树虫口数量。雌成虫越冬前，在树干基部、大枝基部绑草把，诱集越冬成虫，冬季集中烧毁，降低害螨越冬基数。

（2）化学防治

① 防治指标：在果实生长发育前期及花芽形成阶段（7月中旬前）当越冬卵孵化到50%～80%，叶均活动螨4～5头时，就应及时进行药剂防治。在果实生长中后期有红蜘蛛的叶率在30%以上，叶均活动螨7～8头时就应进行防治。同时在防治螨类时要考虑天敌与害螨的比例，如天敌与害螨的比例在1∶30以上时，天敌完全可以控制害螨的危害，可不必用药；当天敌与害螨的比例达到1∶（30～50）时暂缓用药；当天敌与害螨的比例达到1∶50以下时要及时用药。

② 防治的关键时期：根据红蜘蛛的危害规律，一年中有两个关键防治时期，一是苹果花序分离期，这时是越冬成虫出蛰盛期、越冬卵孵化盛期，害螨较集中，便于集中杀灭；二落花后7～10天，是第一代卵孵化盛期和成螨产卵盛期，害螨也较集中，虫态单纯，便于防治，以后各世代重叠发生，防治难度加大。

③ 具体用药

a. 休眠期药剂防治：硫制剂对各种害螨防效较好，在苹果树萌芽前，应用3～5波美度石硫合剂或20号柴油乳剂30倍液，周密喷洒枝干。苹果芽萌动后发芽前，全园喷施1次20%螨死净可湿性粉剂3000～3500倍液、5%尼索朗乳油2000～3000倍液，杀灭在树上越冬的各种害螨的越冬卵。加柔水通3000～4000倍液能增加渗透黏着力。重点喷枝干及树冠下土壤和杂草，喷雾必须均匀周到。

b. 生长期药剂防治：不同害螨发生特点不同，对药剂防治的具体要求不尽相同，但都应抓住苹果萌芽后至开花前出蛰盛期和落花后 7～10 天数量急剧增加、形成危害高峰这两个防治关键期。此期用药及时得当，可获得事半功倍的防治效果，后期再需喷用 1～2 次药剂即可有效控制害螨 1 年。生长中后期（尤为 6～8 月），根据不同害螨发生趋势与状况，酌情决定喷药时间及次数，一般掌握平均每叶有活动态螨 3～5 头时进行喷药。对 4 种螨类效果均很好的药剂有 1.8%阿维菌素乳油 4000～5000 倍液、73%的克螨特乳油 2000～4000 倍液、25%的扫螨净 600～800 倍液，20%的灭扫利乳油 3000～6000 倍液、20%四螨嗪可湿性粉剂 2000 倍喷雾、15%哒螨灵乳油 2500 倍液、73%炔螨特乳油 2000 倍液、50%硫悬浮剂 400 倍液等。最好在花芽萌动期喷 1 次 9.5%螨即死 300 倍液＋5%尼索朗 4000 倍液或柴油乳剂 300 倍液＋5%尼索朗 4000 倍液（或螨死净 3000 倍液），花后 1 周喷 9.5%螨即死 4000～5000 倍液。花后 7～10 天要选杀卵力强，既杀卵又杀幼螨、若螨、成螨的药剂，可喷 9.5%螨即死 4000 倍液或 20%螨死净 3000 倍液＋1.8 阿维菌素 5000 倍液、或 20%扫螨净 3000 倍液＋20%三唑锡 2000 倍液。喷药时，必须均匀周到，使内膛、外围枝叶、叶片正反面、树上纸袋均匀着药，最好采用淋洗式喷雾；若在药液中加入柔水通 2500 倍液，杀螨效果更好。注意不同药剂交替使用，避免或延缓害螨产生抗药性。另外，喷药防治二斑叶螨时，也要对果园内杂草进行喷药。在 7～8 月发生猖獗期对树体郁闭、套袋数量多、虫口密度大、受害重控制难的果园，应加大用药量，缩短喷药间隔期。依据高温适期红蜘蛛 5～6 天发生一代的实际，最好 1 周内连续喷药 2 次。

④ 提高防治螨类效果的措施：通常螨类易产生抗药性，若对某种杀螨剂产生了抗性，就意味着该药剂的药效降低甚至无效。产生抗药性的原因较多，在同一地区长时间、大面积单一使用同种农

药，或高浓度用药、用药次数过于频繁、间隔时间过短，会对螨类产生巨大的选择压力，迫使其产生变异而较快地产生抗药性，成、若螨高峰期用药也易产生抗药性。因而在防治螨类时要注意药剂的交替使用。同时在喷药防治时要严格掌握用药时间，如果用药过迟，就会影响防治效果。另外喷药时要细致周到，防止漏喷。一旦漏喷，极易导致螨类反复发生。

（3）生物防治　当天敌数量与活动螨数量的比在 1∶30 以上时，不需要进行化学防治，生产中要积极保护利用天敌，如捕食螨、六点蓟马、隐翅甲、异色瓢虫、草蛉等，通过天敌控制螨类危害。

三、 食心虫类

食心虫类是对蛀害果实的鳞翅目害虫的总称。主要包括梨小食心虫、桃小食心虫、苹小食心虫、梨大食心虫、白小食心虫、苹果蠹蛾、玉米螟、棉铃虫等。其中在陇东发生较普遍的有梨小食心虫、桃小食心虫、苹小食心虫和梨大食心虫。随着栽培措施的变革和加工运输业的快速发展，特别是果实套袋、地膜覆盖措施的应用，该类害虫的危害得到控制，对苹果的危害有减轻的趋势。近年来苹果蠹蛾传入，已成为重要潜在危害。

（一）食心虫

1. 梨小食心虫

（1）形态特征　成虫（图 7-11，见彩图）体长 5～7 毫米，翅展 13～15 毫米，下唇须灰褐色向上翘，触角丝状。全身暗褐至灰黑色，无光泽。前翅灰黑色，前缘有 8～10 条白色短针纹，翅面散生灰白色鳞片而成许多小白点，在翅的中部有一小白点，近外缘处有 10 个小黑斑点。后翅茶褐色，各跗节末端灰白色。腹部灰褐色。雌蛾尾端有环状鳞片，雄蛾比雌蛾略小。

老熟幼虫（图 7-12，见彩图）体长 10～13 毫米，全身桃红色，头部、前胸背板和胸足均为黄褐色，腹部末端有臀栉 4～7 个。腹足趾钩单序环 25～40 个，臀足趾钩 15～30 个。小幼虫体白色，头部、前胸背板为黑色。

卵扁椭圆形，周缘扁平，中央鼓起，呈草帽状，长径0.8毫米。初产时近白色半透明，近孵化时变淡黄。幼虫胚胎成形后，头部褐色，卵中央具一小黑点，边缘近褐色。

蛹体长6～7毫米，纺锤形，黄褐色，复眼黑色。腹部第3～7腹节背面有2行刺突，排列整齐；第8至第10腹节各有一行较大的刺突。腹部末端有8根钩刺。背面有两排短刺。

（2）为害特征　幼虫蛀果多从果实顶部或萼凹蛀入，前期蛀入孔很小，呈圆形小黑点，稍凹陷。幼虫蛀入后直达心室，蛀食心室部分或种子，切开后多有汁液和粪便（图7-13，见彩图）。被害的果实有几种典型的症状：蛀入孔周围果肉变黑腐烂，俗称“黑膏药”（图7-14，见彩图）；脱果孔较大，直径约3毫米，似香头大的孔，俗称“香眼”；蛀入孔和脱果孔内或周围有粪便，俗称“米眼”；有的蛀入孔和脱果孔呈水浸状腐烂，又称“水眼”。幼虫为害树梢时多从顶尖部位第2～3个叶柄基部幼嫩处蛀入，向下蛀食木质部和半木质部，留下表皮，被蛀食的嫩尖萎蔫下垂，很易识别。这一特点是判断果园有无梨小食心虫发生的主要依据之一。

（3）发生规律　发生世代多，在陇东地区的果园每年可发生3～4代。以老熟幼虫在老翘皮下、根颈部、杈丫、剪锯口、吊树干、草绳、石缝中、树冠下土内、堆果场等处结茧越冬。在枝干上越冬以主干基部为多，枝上较少。越冬幼虫于第2年春季3月下旬至4月上旬开始化蛹，4月中旬至5月上旬为化蛹高峰，蛹期为16天。4月下旬越冬代成虫羽化，羽化盛期为5月下旬。越冬代成虫多将卵产在果叶的背面，卵期4～6天，孵化的幼虫为害枝梢。幼虫老熟后，钻出梢外到裂皮下作茧化蛹，蛹期10天左右。6月下旬至8月上旬第1代成虫出现，继续在果树上产卵，第2代幼虫继续为害，早熟品种开始受害。第2代成虫在7月中旬至8月下旬出现。第2代成虫主要在果实上产卵。第3代幼虫主要为害果实，8月下旬是为害果实最多的时期。第3代成虫约在8月中旬至9月下旬出现，但第4代幼虫不能在当年完成发育，所以从9月初以后脱

果的幼虫，基本都滞育越冬。成虫寿命 5 天，卵期 4～7 天，幼虫期 22～26 天，蛹期 10～15 天。成虫于日落前后交尾产卵，每头雌蛾产卵 50～100 粒，散产。

2. 桃小食心虫

(1) 形态特征　成虫（图 7-15，见彩图）体长约 7 毫米，灰白色。前翅靠近前缘中央有一个蓝黑色近似三角形的大斑，有光泽；后翅灰白色。雌蛾下唇须长，向前直伸，状如“剑”；雄蛾下唇须短，略向下弯曲。

卵椭圆形，顶部宽，底部较窄，初产时为红色，后呈鲜红色或橘红色，卵壳密生椭圆形小刻纹，顶部环生 2～3 圈 Y 形刺。

末龄幼虫体长 12～16 毫米，纺锤形，头褐色，前胸背板暗褐色，每个体节上有明显的黑点，上着生刚毛。果内幼虫多为白色，脱果老熟幼虫为粉红色或黄色。

蛹体长 6～8 毫米，初化蛹时黄白色，接近羽化时灰黑色。

冬茧丝质紧密，扁圆形，长约 5 毫米；夏茧丝质疏松，长约 8 毫米，茧外黏附沙土粒。

(2) 为害特征　桃小食心虫以幼虫蛀果为害，初孵幼虫由果面蛀入后留有针尖大小的蛀入孔，经 2～3 天后孔外溢出汁液，呈水珠状，干涸后呈白色蜡状物。不久蛀入孔变为极小的黑点，其周围稍凹陷。前期果实受害，幼虫大多数在果皮下串食，虫道纵横弯曲，使果实发育成凸凹不平的畸形果，俗称“猴头果”（图 7-16，见彩图）。后期受害果实果形变化较小，幼虫大多数直接蛀入到果实深层串食，直至果心部位。被害果虫道内充满褐色颗粒状虫粪，俗称“豆沙馅”（图 7-17，见彩图）。幼虫老熟后脱出果实，果面上留有明显的脱果孔，孔外常带有虫粪。

(3) 发生规律　在甘肃省多为每年 1 代。以老熟幼虫做冬茧在土内越冬，越冬场所以果园为主，少部分在堆果场或果窖。越冬茧的水平分布主要在距树干 1 米的范围内，在土中垂直分布深度为 0～15厘米，其中以 3～6 厘米分布最多。当 5 厘米地表旬平均气温达 19.7℃，土壤湿度达 10%时，越冬幼虫开始出土，出土期约为

2个月，出土后即做夏茧化蛹，经16～18天（前蛹期3～5天，后蛹期约13天）羽化为越冬代成虫。成虫将卵产在苹果或梨的萼洼处或梗洼内。卵期约为8天。幼虫为害盛期在7月中旬至8月中、下旬，在果中幼虫的发育期为20～24天。8月中旬开始脱果，直接入土结冬茧越冬。

3. 苹小食心虫

（1）形态特征　成虫体长4.5～5.0毫米，翅展10～11毫米。雌雄蛾形态差异极小。全体暗褐色，有紫色光泽，头部鳞片灰色，触角背面暗褐色，每节端部白色；唇须灰色，略向上翘。前翅前缘具有7～9组大小不等的白色钩状纹，翅面上有许多白色鳞片形成白色斑点，近外缘处的白色斑点排列整齐。外缘显著斜走，静止时两前翅合拢后外缘所成之角约90°或小于90°。肛上纹不明显，有四块黑色斑，顶角还有一较大的黑斑，缘毛灰褐色。后翅比前翅色浅，腹部和足浅灰褐色。

卵扁椭圆形，中央隆起，半透明，具光泽，周缘扁平，表面间或有明显而不规则的细皱纹。初产乳白色，后变淡黄色，半透明，有光泽，近孵化时为淡红褐色，显出幼虫黑色头壳。

老熟幼虫体长6.5～9.0毫米，全体非骨化区淡黄或淡红色。头部淡黄褐色，前胸盾淡黄褐色；各体节背面有两条桃红色横纹，前粗后细，可与其他食心虫区分。臀板淡褐色，具不规则的深色斑纹，臀栉深褐色4～6齿。腹足趾钩单序环15～34不等，大多25个左右。臀足趾钩10～29个，多为15～20个。越冬的老熟幼虫体淡黄色，外结一污白色丝质薄茧。

蛹体长4.5～5.6毫米，黄褐色或黄色，第1腹节背面无刺，第2～7腹节背面前缘和后缘各有成列小刺，第3～7腹节前缘的小刺成片，第8～10腹节只有一列较大的刺。腹末具8根钩状刺毛。茧为长椭圆形，灰白色。

（2）为害特征　幼虫多从果实胴部蛀入，在皮下浅层为害，小果类可深入果心。为害初期蛀孔周围红色，俗称“红眼圈子”（图7-18，见彩图），之后被害部渐扩大，干枯、凹陷呈褐至黑褐色，

俗称“干疤”，疤上具小虫孔数个并附有少量虫粪。幼果被害常致畸形。幼虫蛀果后若未成活，蛀孔周围果皮变青称为“青疔”。

（3）发生规律　在陇东果区年发生1～2代。以老龄幼虫在树皮裂缝作茧越冬。越冬幼虫4月下旬开始化蛹，盛期5月中、下旬。越冬代成虫出现在5月中旬至7月上旬，以6月上、中旬为盛期。第1代幼虫5月下旬始现，6月上、中旬开始蛀果，盛期为6月中、下旬。每年1代区7月下旬老熟幼虫即开始脱果，潜入粗翘皮裂缝内越冬。每年2代区7月中旬至8月上旬，老熟幼虫在落果内化蛹并羽化，也可在主干周围落叶、杂草或地表土隙中潜伏化蛹、羽化。7月下旬开始产卵，8月初至9月上旬幼虫为害，9月上旬开始进入越冬。苹小食心虫喜温暖高湿，卵发育适温19～29℃，相对于湿度75%～95%。成虫产卵最适湿度95%，温度25～29℃。

4. 食心虫类害虫的防治措施

（1）农业措施

① 套袋：实行套袋栽培，避免果实受害，是防治食心虫的有效措施之一，套袋措施的应用，有效抑制了该类害虫的危害。

② 覆膜：推行地膜覆盖栽培，可有效阻止在土壤中越冬幼虫的出土，大大降低危害。

③ 刮树皮：在休眠期刮除老翘皮，消灭皮内越冬的梨小食心虫和苹小食心虫。8月在树干绑草环，诱集幼虫进入过冬，冬季烧毁。可降低虫体的越冬基数，对全年的控制有明显的效果。

④ 摘除虫果和虫苞：在幼虫蛀果期间，人工摘除虫果和虫苞，可有效减少虫源。

⑤ 冬季清园，清扫落叶、杂草，处理各种作物秸秆、向日葵花盘等，烧毁、杀死在内越冬的害虫。

（2）生物措施

① 保护天敌：有条件的果园，推行生草栽培，在果园用药时，减少广谱性杀虫剂的应用，以有效保护蚂蚁、步行虫、花蝽、草蛉、粉虫、甲腹茧蜂、姬蜂、松毛虫赤眼蜂等食心虫的天敌，充分发挥其自然调控作用。

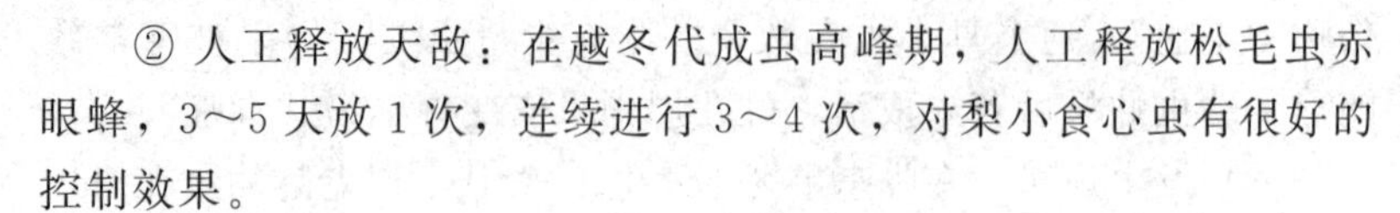

② 人工释放天敌：在越冬代成虫高峰期，人工释放松毛虫赤眼蜂，3～5天放1次，连续进行3～4次，对梨小食心虫有很好的控制效果。

（3）物理防治

① 设置黑光灯。许多害虫有趋光性，果园设置黑光灯，可诱杀多种害虫，如梨小食心虫、棉铃虫等。

② 糖醋液诱杀：可用糖1份、醋4份、水16份，再加少量敌百虫，配制成糖醋液盛于碗中，挂于树上，诱集成虫取食，将其杀死，适用于梨小食心虫、棉铃虫等。也可将烂果置于缸内，制成果醋使用。

（4）化学防治　食心虫一旦蛀进果内，就无法防治，故掌握准确的防治时期是控制此类害虫的关键。当卵果率达到1%～1.5%时，适期喷25%灭幼脲3号悬浮剂2500倍液或25%苏脲1号胶悬剂、或25%敌灭灵可湿性粉剂1000倍液、或青虫菌6号悬浮剂600倍液、或Bt乳剂600～1000倍液防治。

没有采用地膜覆盖的苹果园，对于桃小心虫，从越冬茧出土到地面结茧化蛹，可进行地面防治，用25%辛硫磷微胶囊每亩0.5千克加水150千克或40%毒死蜱乳油400倍液喷施于树冠下，然后浅锄入土，可杀死出土幼虫，一般隔15天再施药1次。

（二）苹果蠹蛾

苹果蠹蛾有很强的适应性、抗逆性和繁殖能力，是世界上仁果类果树的毁灭性蛀果害虫。列入国际和我国检疫性林业有害生物。主要危害苹果、梨、桃、杏、李、沙果、海棠、花红、香梨、沙梨、山楂、野山楂、石榴、花楸、核桃等几十种植物的果实。

苹果蠹蛾在我国的发生情况：该虫1984年传入新疆，目前新疆全境均有发生；甘肃主要发生在中西部，包括酒泉、张掖、嘉峪关、金昌、武威、兰州，2008年静宁发现该虫；宁夏发生在黄河沿岸的中卫、中宁、青铜峡；内蒙古发生在西部地区；黑龙江以南部地区发生较重；辽宁主要发生在绥中。

1. 形态特征

成虫（图 7-19，见彩图）体长 8 毫米，翅展 19～20 毫米，体灰褐色而带紫色光泽。前翅臀角处的肛上纹呈深褐色，椭圆形，内有 3 条青铜色条斑，这是苹果蠹蛾的显著特征。

卵长 1.1～1.2 毫米，椭圆形，扁平，中央略凸出。卵壳上有很细的皱纹。

幼虫（图 7-20，见彩图）初龄黄白色，后变为红色，背面色深，腹面色淡。前胸背板淡黄色，有褐色斑点，臀板上有淡褐色斑点。末节无臀栉。末龄幼虫体长 1.4～10 毫米。

蛹长 7～10 毫米，黄褐色。肛门两侧各有 2 根臀棘，末端有 6 根。

2. 为害特征

幼虫蛀果时大多从果实的胴部（即果实中间部位）侵入（图 7-21，见彩图），其褐色粪便堆积在果实的外表（图 7-22，见彩图）。幼虫侵入果实后，主要取食果核部分，亦有在果肉内纵横潜食；幼虫出果前，被害果外表长成显著症状，或仅在果皮上可见极小的黑疤环状小点（入果孔），或内部潜食后造成的下凹潜纹；幼虫出果后，果皮上出现绿豆大小的出果孔（图 7-23，见彩图）；幼虫转果危害时，多从邻近相连果蛀入，造成“桥接”现象。受苹果蠹蛾为害的果树，大多果实未成熟，就已脱落。

3. 发生规律

由于各地气候条件的差异，苹果蠹蛾的年发生代数各地不同。在新疆不同的地区其每年发生代数由 1 代至 4 代。在甘肃河西地区每年发生 2～3 代。以老熟幼虫在树干翘皮下、裂缝、树洞、果窖、果筐缝隙内做茧越冬。4 月中、下旬，气温稳定在 10℃（苹果、梨盛花期）时，越冬的老熟幼虫陆续开始化蛹，4 月下旬越冬代成虫开始羽化，羽化盛期在 5 月下旬（此时为沙枣花盛开期）。5 月中下旬一代幼虫开始蛀果为害，6 月中旬一代老熟幼虫开始脱果，6 月下旬为脱果盛期，幼虫脱果后在树皮裂缝中、翘皮下及树洞中结茧化蛹，但有极少部分老熟幼虫结茧越夏。

7月上旬开始出现一代成虫，7月中旬二代幼虫孵化蛀果，取食为害到8月上旬脱果，寻找适宜的越冬场所结茧越冬，部分未脱果的幼虫随着采收到室内、果窖、包装箱内作茧越冬；极少部分幼虫，脱果后在树皮裂缝、翘皮下、树洞中作茧化蛹，并于8月中旬至9月上中旬羽化，交尾产卵，9月中下旬孵化出不完整第3代幼虫。

苹果蠹蛾产卵具有明显的选择性，从树种上看，苹果、沙果树上产卵多于梨树。大多数交配后的雌蛾产卵在果实附近，结果多的苹果树上产卵多，结果少的产卵少。成虫产卵因树冠部位不同而有差异，一般树冠顶部和中部较多，下部较少；向阳面多，背阳面少。

幼虫具有转果为害的习性，1龄幼虫蛀入果实后，在果实内脱皮1次，而后向种室蛀入，并在种室旁再蜕皮1次，后蛀入种室，取食果实种子，接着第3次蜕皮，然后脱果，开始转果为害。种子对苹果蠹蛾的生长发育有非常重要的作用，因此，幼虫有偏嗜种子的特性，一般一头幼虫可为害1～4个果实。

主要以幼虫或蛹随果品、包装材料和运输工具作远距离传播，特别是残次果的调运。

4. 防治措施

苹果蠹蛾的防治主要采取以化学防治为核心，农业、物理防治以及生物防治等为辅助措施综合防控。

（1）加强检疫，减慢其扩散速度

① 加强宣传，提高群众做好疫情防控工作的积极性和主动性。

② 调运检疫。对调出的果品及包装物、运输工具要进行严格检疫，防止传入未发生区。

③ 加强市场检疫，严禁虫果上市流通。

（2）除害处理

① 对携带有苹果蠹蛾的果品、繁殖材料、包装物、运载工具等采用溴甲烷熏蒸，用药量为32克/米^3，熏蒸时间2小时。

② 对携带有苹果蠹蛾的果品、繁殖材料、包装材料等可采用

销毁或在安全季节里改变用途等方式防治。如在成虫羽化前将果品做果酱等。

（3）农业措施

① 刮树皮、刷白：果树休眠期，刮除树干上的粗皮、翘皮，集中烧毁，消灭其中的越冬幼虫。刮皮后对树干进行刷白保护。

② 绑草绳诱集老熟幼虫：于每年在6月下旬到8月上旬，幼虫脱果开始，在主干或大枝分叉处绑草把、草绳、烂麻袋片，诱集越冬幼虫，在果树休眠期解除集中烧毁。

③ 涂粘虫胶粘杀幼虫：6月中下旬在树干分枝以下缠绕5厘米宽的胶带（光滑的树干可以不缠胶带），然后在胶带上涂抹粘虫胶粘杀幼虫，涂抹宽度2～2.5厘米。8月上、中旬利用苹果蠹蛾幼虫在果树老、翘皮下越冬的特性，在果树分枝基部或主干上部涂粘虫胶，粘杀幼虫，达到投入少、省时省工和对环境无污染的效果。

④ 清洁果园：加强田间管理，随时清除虫果及地面落果；清除果园中废弃物。

（4）物理措施

① 杀虫灯诱杀：挂灯时间为每年的4月下旬至9月下旬，杀虫灯的设置密度为15～20亩一盏，安放高度以高出果树的树冠为宜。

② 性诱剂诱杀：每年5月和7月15日前后，每隔20～30米挂1个或每亩挂3～5个苹果蠹蛾性诱剂诱芯诱杀成虫。每15天左右更换1次性诱芯。

（5）化学防治　成虫产卵盛期为药剂防治的关键时期。可用48%乐斯本乳油1500倍液、2.5%功夫乳油2500～3000倍液、5%抑太保乳油1000～2000倍液、20%杀铃脲悬浮剂8000～10000倍液、4.5%高效氯氰菊酯乳油2000倍液及其他兼有杀卵作用的药剂进行喷雾防治，每隔7～10天喷施1次。

四、为害叶片的害虫

1. 苹小卷叶蛾

（1）形态特征　成虫体长6～8毫米，翅展15～20毫米，黄褐色。触角丝状，下唇须明显前伸。前翅略呈矩形。前翅的前缘向后缘和外缘角有两条浓褐色斜纹，其中一条自前缘向后缘达到翅中央部分时明显加宽。前翅后缘肩角处，及前缘近顶角处各有一小的褐色纹，端纹深褐色。中带前半部较狭，中央较细，有的个体中间断开；后半部明显较前半部宽，端纹多呈“Y”状向外缘中部斜伸。翅面上常有数条暗褐色细横纹。雄蛾前缘褶明显，后翅淡黄褐色，腹部淡黄褐色，背面色暗。

幼虫体长13～18毫米，身体细长，头较小呈淡黄色。小幼虫黄绿色，大幼虫翠绿色。单眼区上方有一棕褐色斑，前胸盾和臀板与体色相似或淡。

卵扁平，椭圆形，长径约0.7毫米，淡黄色，半透明，孵化前黑褐色。数十粒成块作鱼鳞状排列。

蛹9～11毫米长，较颀长，初绿色，后变黄褐色。2～7腹节背面各有两横列刺，前列刺较粗，后列小而密，均不到气门。尾端有8根钩状臀棘向腹面屈曲。

（2）为害特征　苹小卷叶蛾主要以幼虫为害叶片。幼虫吐丝缀连叶片，潜居缀叶中取食叶肉，新叶受害严重（图7-24，见彩图）。当果实稍大时，常将叶片缀连在果实上，幼虫啃食果皮及果肉，使果面呈不规则形凹疤，形成残次果（图7-25，见彩图）。幼虫有转果为害习性，一头幼虫可转果为害6～8个果。

（3）发生规律　苹小卷叶蛾在陇东年发生多为3代。9月下旬至10月中旬，以低龄幼虫在粗翘皮下，或在树杈、剪锯口周缘裂缝中结白色薄茧越冬。第2年苹果树萌芽后出蛰，盛期在4月中下旬。出蛰后幼虫吐丝缠结幼芽、嫩叶和花蕾为害，长大后则多卷叶为害。老熟幼虫在卷叶中结茧化蛹。6月中旬越冬代成虫羽化。第1代幼虫盛期在6月下旬至7月初，第2代幼虫盛期在7月下旬，第3代幼虫盛期在8月中旬。7月下旬第1代羽化，9月上旬第2代羽化。

2. 顶梢卷叶蛾

（1）形态特征　成虫雌蛾体长6～7毫米，翅展13～15毫米，

雄蛾略小。虫体银灰褐色。前翅基部三分之一处及中部有一暗褐色弓形横带，后缘近臀角处具有一近似三角形的暗褐色斑。卵扁椭圆形，长 0.7 毫米，乳白色。幼虫体粗短，长 8～10 毫米，淡黄色，头、前胸背板、胸足均为黑色，各节密生短毛。蛹纺缍形，体长 6 毫米，黄褐色。

(2) 为害特征　幼虫主要为害枝梢嫩叶及生长点，影响新梢发育及花芽形成，幼树及苗木受害特重。幼虫为害嫩叶时，吐丝将叶缀成团，匿身其中，防治难度较大（图 7-26，见彩图）。

(3) 发生规律　年发生代数因地而异，在我国北部地区年发生 2 代。

以幼龄虫在被害枝梢顶端卷叶内，少数在近顶端 2～3 个侧芽旁作茧越冬，每个顶梢叶团内有幼虫一个，多者有 2～3 个幼虫。

翌年 4 月中旬出蛰，先钻食花、叶芽，后卷叶为害。在卷叶内吐丝缀叶背的绒毛做巢，潜伏其内，食叶时再爬出。

5 月中旬～6 月上旬幼虫老熟，于卷叶内作茧化蛹。

6 月上旬开始羽化成虫，6 月中旬为成虫羽化高峰。成虫产卵于叶背，单粒单产，卵期 6 天左右。6 月下旬发生第 1 代幼虫。

7 月下旬至 8 月上旬发生第 1 代成虫，继续产卵繁殖，幼虫可为害至 10 月。

初孵化幼虫，先在叶背大脉纹旁啃食叶肉，2 龄时转梢部卷叶为害，直至成熟化蛹。

幼虫为害新梢顶端嫩叶片和顶芽，影响枝梢的正常生长发育，夏季多从旁侧再生新枝，所卷叶苞不能脱落，故来年春季枝梢萌发较迟，苗木和幼树被害重于结果树。

(4) 卷叶蛾防治措施

① 农业防治方法。

a. 结合冬春剪枝，剪去被害枝梢，收集烧掉，消灭越冬害虫。

b. 生长季节及时摘除卷叶，捏死卷叶中的幼虫和蛹。

② 药剂防治：越冬代成虫产卵盛期和各代幼虫孵化盛期为防治的关键时期，要及时喷药。药剂可用 50%杀螟松乳剂 1000 倍

液，或20%杀灭菊酯乳油4000倍液、或20%好年冬乳油（丁硫克百威）1500倍液、或75%辛硫磷乳剂2000～3000倍液。

③ 物理防治。

a. 利用性诱剂诱杀成虫，每亩放置诱芯3～5个。

b. 利用糖醋液诱杀成虫，按糖：酒：醋：水＝1：1：4：16的比例配制成糖醋液，悬挂于果园内，诱杀成虫。

c. 有条件的果园可安装频振式杀虫灯、黑光灯诱杀成虫。

3. 金纹细蛾

俗称潜叶蛾，是苹果树上的重要的食叶害虫。

（1）形态特征　成虫（图7-27，见彩图）虫体较小，体长约2.5毫米，翅展约6.5毫米，复眼黑色，触角丝状。头部银白色，顶端有两丛金色鳞毛，体背与前翅为黄褐色并闪金光。前翅基部有3条白色和褐色相间的放射状条纹。第1条沿前缘平伸，端部向下弯曲而尖，第2条在翅中室，端部向上弯，第3条沿缘平伸，末端向上弯曲。前翅端部前缘有一爪状纹。

幼虫呈细纺锤形，体稍扁，黄色。腹足不发达，第4对退化，胸足较腹足发达。卵扁椭圆形，长径为0.3毫米，乳白色，半透明，有光泽。蛹长约4毫米，黄褐色，头两侧有一对角状突起。

（2）为害特征　以为害苹果为主，还可为害梨、桃、李、樱桃、海棠、山定子、沙果、山楂、梨、桃等。幼虫一般自叶背叶脉侧旁蛀入叶片，取食叶肉，使叶肉呈筛孔状。受害叶片正面呈黄白与绿色相间的网格，背面呈黄色泡状隆起，虫粪集聚处呈豆粒状（图7-28，见彩图）。生长后期有虫斑叶大量脱落，对苹果后期的着色和品质均造成很大的影响。

（3）发生规律　每年发生4～5代。甘肃天水等地年发生5代。以蛹在被害的落叶内过冬。翌年苹果树花芽开绽期，为越冬代成虫羽化盛期。成虫多在早晨或傍晚于树干附近交配、交卵，产卵多集中在发芽早的苹果品种上。卵产于幼嫩叶片背面绒毛下，单粒散产。卵期7～10天，多则11～13天。幼虫孵化后即从卵壳下潜入

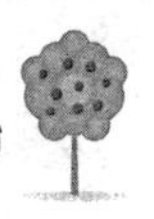

叶下表皮，潜食叶肉，致使叶背被害部位仅剩下表皮，鼓起皱缩，外观呈泡囊状，约有黄豆粒大小。幼虫潜伏在泡囊状的叶背表皮中。老熟幼虫就在虫斑内化蛹。成虫羽化时，蛹壳一半露在表皮之外，极易识别。越冬代成虫盛期在4月中旬，4月下旬至5月上中旬发生第1代幼虫，5月中下旬化蛹。第1代成虫盛期在5月底至6月上旬，6月中旬为第2代幼虫发生期。第2～4代成虫发生及产卵盛期分别为7月中旬、8月上中旬和9月中旬。第3～5代幼虫盛发期分别为7月中旬、8月中下旬和9月中下旬。以8月中下旬第4代幼虫发生量最大，为害最重。10月第5代幼虫化蛹越冬。因其发生世代多，有世代重叠现象。

（4）防治措施

① 秋季落叶后，彻底清扫残枝落叶，集中烧毁，消灭越冬蛹，减少越冬代成虫发生。

② 早春，彻底刨除根蘖，带出园外烧毁，消灭当年1代越冬虫卵和幼虫。

③ 药剂防治：金纹细蛾每年发生好几代，其中第1代成虫盛发期即5月底～6月上旬，发生整齐，易防治；后期各代多交叉发生，世代重叠，难以防治。因此应抓好第1代成虫盛发期防治，喷药防治效果较佳。有效药剂：25%灭幼脲3号悬浮剂2000倍液，20%杀铃脲8000～10000倍液，10%除虫脲5000～6000倍液，40%水胺硫磷1000倍液，30%桃小灵乳油1500倍液，30%蛾螨灵可湿性粉剂1200倍液，35%氯虫苯甲酰胺水分散粒剂2000倍液等。还可兼治桃小、卷叶虫、红蜘蛛、蚜虫等。

④ 性诱剂诱杀。选用“XFD”诱芯诱杀，它能诱杀8～15米范围内的金纹细蛾成虫，一般每亩地用4～5枚制成诱捕器。一般在潜叶蛾成虫盛发期，单个诱捕器每天可诱杀成虫150多头，可有效地防治金纹细蛾对果树的危害。

4. 美国白蛾

又名美国灯蛾、秋幕毛虫。美国白蛾是世界性检疫害虫，主要危害果树和观赏树木，尤其以阔叶树为重。已被列入我国首批外来入侵物种。

（1）形态特征　成虫（图 7-29，见彩图）为白色中型蛾子，体长 13～15 毫米。复眼黑褐色，口器长而纤细。胸部背面密布白色绒毛。多数个体腹部白色，无斑点；少数个体腹部黄色，上有黑点。雄成虫触角黑色，栉齿状，翅展 23～34 毫米，前翅散生黑褐色小斑点。雌成虫触角褐色，锯齿状，翅展 33～44 毫米，前翅纯白色，后翅通常为纯白色。卵圆球形，直径约 0.5 毫米，初产卵浅黄绿色或浅绿色，后变灰绿色，孵化前变灰褐色，有较强的光泽。卵单层排列成块，覆盖白色鳞毛。老熟幼虫（图 7-30，见彩图）体长 28～35 毫米，头黑，具光泽。体黄绿色至灰黑色，背线、气门上线、气门下线浅黄色。背部毛瘤黑色，体侧毛瘤多为橙黄色，毛瘤上着生白色长毛丛。腹足外侧黑色，气门白色，椭圆形，具黑边。根据幼虫的形态，可分为黑头型和红头型两型，其在低龄时就明显可以分辨。3 龄后，从体色、色斑、毛瘤及其上的刚毛颜色上更易区别。蛹体长 8～15 毫米，宽 3～5 毫米，暗红褐色。雄蛹瘦小，雌蛹较肥大，蛹外被有黄褐色薄丝质茧，茧上的丝混杂着幼虫的体毛共同形成网状物。腹部各节除节间外，布满凹陷刻点，臀刺 8～17 根，每根钩刺的末端呈喇叭口状，中凹陷。

（2）为害特征　幼虫常群集树叶上吐丝结网巢，在其内食害叶片。网巢有时可长达 1 米或更大，稀松不规则，将小枝和叶片包入网内，形如天幕。因常出现于仲夏到初秋，故称其为秋幕毛虫。1～2龄幼虫只取食叶肉，严重时全株树叶被吃光，只留下叶脉，整个叶片呈透明的纱网状，3 龄幼虫开始将叶片咬成缺刻，4 龄幼虫开始分成若干个小的群体，形成几个网幕，4 龄幼虫末食量大增，5 龄后进入单个取食的暴食期。整个幼虫期间取食量极大，造成植物长势衰弱，抗逆性低下，果实品质降低，部分枝条甚至整株死亡。严重受害的果树，果实严重减产，有时导致当年甚至次年不结实。

（3）在我国的发生情况及发生规律　我国 1979 年在辽宁省首

次发现，1985年西安市有所报道，1999年以来唐山及周边地区都有此虫危害。

主要通过木材、木包装等进行传播，还可通过飞翔进一步扩散。其繁殖力强，扩散快，每年可向外扩散35～50千米。

美国白蛾年发生的代数，因地区间气候等条件不同而异，黑头型和红头型之间也有不同。在山东烟台年发生完整的2代。越冬蛹于次年4月下旬开始羽化。第1代发生比较整齐，第2代发生很不整齐，世代重叠现象严重，大部分幼虫化蛹越冬，少部分化蛹早的可羽化进入第3代。在大连市和秦皇岛市一般年发生2代，遇上秋季高温年份，第3代也能完成发育。天津市、陕西关中地区第3代发生量较大，化蛹率也高，占总发生量的30%左右。

温度在18～19℃以上，相对湿度70%左右时，越冬成虫大量羽化。在一天中，越冬代羽化时间多在16:00～19:00，夏季代多在18:00～20:00。成虫羽化后至次日晨日出前0.5～1小时，雌雄交配，交配时间可延续5～40小时（平均14～16小时），一生只交配1次，交配后不久，雌虫即产卵。成虫飞翔力和趋光性均不强。雌虫产卵，对寄主有明显的选择性，喜在槭树、桑树和果树的叶背产单层块状卵，每个卵块有卵500～700粒。成虫产下的卵，附着很牢，不易脱落；卵上覆毛，雨水和天敌较难侵入。卵的发育，最适温度为23～25℃，适宜相对湿度为75%～80%。只要温湿度适宜，孵化率可达96%以上，即使产卵的叶片干枯，也无影响。

幼虫孵化后不久，即吐丝缀叶结网，在网内营聚居生活。随着虫龄增长，丝网不断扩展，一个网幕直径可达1米，大者可达3米，数网相连，可笼罩全树。网幕中混杂大量带毛蜕皮和虫粪，雨水和天敌均难侵入。幼虫老熟后，下树寻找隐蔽场所（树干老皮下、缝隙孔洞内、枯枝落叶层、表土下、建筑物缝隙及寄主附近的堆积物中）吐丝结灰色薄茧，在其内化蛹。

（4）防治措施

① 加强检疫。疫区苗木不经检疫或处理禁止外运，疫区内积

极进行防治，可有效地控制疫情的扩散。

② 人工防治。在幼虫3龄前发现网幕后人工剪除网幕，并集中处理。如幼虫已分散，则在幼虫下树化蛹前采取树干绑草的方法诱集下树化蛹的幼虫，定期定人集中处理。

③ 利用美国白蛾性诱剂或环保型昆虫趋性诱杀器诱杀成虫。在成虫发生期，把诱芯放入诱捕器内，将诱捕器挂设在林间，直接诱杀雄成虫，阻断害虫交尾，降低繁殖率，达到消灭害虫的目的。

④ 药剂防治。在幼虫为害期做到早发现、早防治。如果有幼虫为害，可用0.12%藻酸丙二醇酯、2.5%高效氯氟氰菊酯微乳剂1500倍液、Bt乳剂400倍液，均可有效控制此虫危害。

⑤ 生物防治：周氏啮小蜂是新发现的物种，原产我国，是美国白蛾的天敌，可有效控制美国白蛾。

5. 天幕毛虫

（1）形态特征　雌性成虫体长约20毫米，棕黄色，触角锯齿状。前翅中央有深褐色宽带，宽带两边各有一条黄褐色横线。雄性成虫体长15～17毫米，淡黄色，触角羽毛状，前翅具两条褐色细横线。卵圆筒形，灰白色，数百粒密集成卵块。幼虫共5龄，老熟幼虫体长50～55毫米，头部灰蓝色，顶部有两个黑色的圆斑。体侧有鲜艳的蓝灰色、黄色和黑色的横带，体背线为白色，亚背线橙黄色，气门黑色（图7-31，见彩图）。蛹体长17～20毫米，黄褐色至黑褐色。

（2）为害特征　春季发芽时，幼虫为害嫩叶，以后转移到枝杈处吐丝张网。1～4龄幼虫白天群集在网幕中，晚间出来取食叶片，5龄幼虫离开网幕分散到全树暴食叶片，5月中、下旬陆续老熟，于叶间、杂草丛中结茧化蛹。

（3）发生规律　每年发生1代，以小幼虫在卵壳内越冬。第2年果树发芽后，幼虫出壳开始为害。于5月上、中旬，幼虫转移到小枝分杈处吐丝结网，白天潜伏网中，夜间出来取食。幼虫经4次蜕皮，于5月底老熟，在叶背或果树附近的杂草上、树皮缝隙、墙

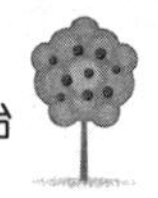

角、屋檐下吐丝结茧化蛹。蛹期 12 天左右。成虫发生盛期在 6 月中旬，羽化后即可交尾产卵。

（4）防治措施

① 春季幼虫在树上结的网幕显而易见，在幼虫分散以前，及时捕杀。分散后的幼虫，可振树捕杀。

② 成虫有趋光性，利用黑光灯诱杀。

③ 结合冬季修剪彻底剪除枝梢上越冬卵块。为保护卵寄生蜂，将卵块放入天敌保护器中，使卵寄生蜂羽化飞回果园。

④ 药剂防治：可用 20%菊马乳油 2000 倍液、2.5%功夫乳油或 2.5%敌杀死乳油 3000 倍液、10%天王星乳油 4000 倍液等药剂喷防。

6. 金龟子

（1）形态特征　金龟子属无脊椎动物、昆虫纲、鞘翅目，是一种杂食性害虫。除危害苹果外，还危害梨、桃、李、葡萄、柑橘、柳、桑、樟、女贞等林木。常见的有铜绿金龟子（图 7-32，见彩图）、朝鲜黑金龟子（图 7-33，见彩图）、茶色金龟子（图 7-34，见彩图）、暗黑金龟子（图 7-35，见彩图）等。金龟子科是鞘翅目中的一个大科，种类很多。成虫体多为卵圆形或椭圆形，触角鳃叶状，由 9～11 节组成，各节都能自由开闭。体壳坚硬，表面光滑，多有金属光泽。前翅坚硬，后翅膜质，多在夜间活动，有趋光性。幼虫乳白色，体常弯曲呈马蹄形（C 形），背上多横皱纹，尾部有刺毛，生活于土中，一般称为“蛴螬”。

（2）为害特征　成虫为害植物的叶、花、芽及果实等地上部分。成虫咬食叶片成网状孔洞和缺刻，严重时仅剩主脉，群集为害时更为严重（图 7-36、图 7-37）。常在傍晚至晚上 10 时咬食最盛。幼虫啮食植物根和块茎或幼苗的地下部分，为主要的地下害虫。

（3）发生规律

① 铜绿金龟子：年发生 1 代。以幼虫在土壤内越冬。翌年 5 月上旬成虫出现，5 月下旬达到高峰。黄昏时上树为害，半夜后陆

图 7-36　金龟子为害叶片状

图 7-37　金龟子为害花朵状

续离去，潜入草丛或松土中，并在土壤中产卵。成虫有群集性、假死性、趋光性，闷热无风的夜晚为害最烈。

② 暗黑金龟子：年发生 1 代。以幼虫和成虫在土壤内越冬。翌年 4 月成虫开始出土，5 月下旬出现第 1 次小高峰，6 月下旬是最高峰。活动和为害习性同铜绿金龟子。

③ 茶色金龟子：年发生 2 代。以幼虫在土内越冬。第 1 代成虫 5 月初出现。6 月上中旬是为害盛期。第 2 代成虫 7 月出现，8 月上中旬盛发。成虫无明显趋光性及假死性，白天亦可见少量为害。

（4）防治措施　绝大多数金电子都具有较强的趋光性、群集性、昏出性和假死性，喜欢在未腐熟的肥料中产卵，嗜食杨、柳、榆等树叶。利用这些特性进行防治，能起到良好效果。

① 合理施肥：施用的农家肥要充分腐熟，对未腐熟的肥料用辛硫磷等有机磷农药 1000 倍液处理，灭卵、灭蛹、杀虫后再施入土壤。

② 药剂处理土壤：4 月上旬于金龟子出土盛期用乐斯本或辛硫磷 200 倍液喷施或制成毒土，撒施树盘土壤，能杀死大量出土成虫。

③ 树上喷药：在金龟子为害盛期用 10%吡虫啉可湿性粉剂 1500 倍液或 48%乐斯本乳油 1000 倍液，于花前、花后傍晚喷施树体及树盘土壤，防效在 90%以上。

④ 杨树把诱杀：利用金龟子喜食杨树叶的习性，用长约 60 厘米的带叶杨树枝条，从一端捆成直径约 10 厘米左右的小把，在 75%的辛硫磷乳油或 4.5%氯氰菊酯乳油 200 倍液中浸泡 2～3 小时，于傍晚分散安插在果树行间，诱杀金龟子成虫，具有良好效果。

⑤ 人工捕捉：利用金龟子的假死性，傍晚先在树盘下铺一块塑料布，再摇动树枝，然后迅速将振落在塑料布上的金龟子成虫收集捕杀。

⑥ 灯光诱杀：部分金龟子具有很强的趋光性，有条件的果园，

于4月中下旬安装频振式太阳能杀虫灯诱杀金龟子成虫。安装时保持灯的高度略高于树冠，每30～50亩果园安装一个灯。在金龟子发生期每晚8点开灯，早6点关灯（一般采用光控）。雷雨天不开灯。每3天左右清理害虫尸体1次。

⑦ 糖醋液诱杀：用红糖1份、酒1份、醋2份、水8份，或红糖5份、食醋20份、水80份，制成糖醋液。将糖醋液分装在废罐头瓶等容器里，每20～30米挂一个，于傍晚挂在树上或果树行间，进行诱杀，白天加盖，以防蒸发。

7. 介壳虫

（1）形态特征　介壳虫是一类小型昆虫，雌虫无翅，足和触角均退化；雄虫有一对柔翅，足和触角发达，无口器。体外被有蜡质介壳。卵通常埋在蜡丝块中、雌体下或雌虫分泌的介壳下。每一种的宿主植物有一定的范围。这里主要介绍康氏粉蚧、梨园蚧、草履蚧。

① 康氏粉蚧：雌成虫椭圆形，较扁平，体长3～5毫米，粉红色，体被白色蜡粉，体缘具17对白色蜡刺，腹部末端1对几乎与体长相等。触角多为8节。腹裂1个，较大，椭圆形。肛环具6根肛环刺。臀瓣发达，其顶端生有1根臀瓣刺和几根长毛。多孔腺分布在虫体背、腹两面。刺孔群17对，体毛数量很多，分布在虫体背腹两面，沿背中线及其附近的体毛稍长。雄成虫体紫褐色，体长约1毫米，翅展约2毫米，翅1对，透明。卵椭圆形，浅橙黄色，卵囊白色絮状。若虫椭圆形，扁平，淡黄色。蛹淡紫色，长1.2毫米。

② 梨园蚧：雌成虫背覆近圆形介壳，介壳直径1.8毫米，有同心轮纹，介壳中央隆起，呈黄褐色，虫体扁椭圆形，橙色。雄介壳长椭圆形，较雌介壳小，壳点位于介壳的一端。若虫椭圆形，橙色，扁平，口针比身体长。雌若虫蜕皮3次，雄若虫蜕皮2次，化蛹在介壳下。蛹圆锥形。

③ 草履蚧：雌成虫体长达10毫米左右，背面棕褐色，腹面黄褐色，被一层霜状蜡粉。触角8节，节上多粗刚毛；足黑色，粗

大。体扁，沿身体边缘分节较明显，呈草鞋底状。雄成虫体紫色，长 5～6 毫米，翅展 10 毫米左右。翅淡紫黑色，半透明，翅脉 2 条，后翅小，仅有三角形翅茎；触角 10 节，因有缢缩并环生细长毛，似有 26 节，呈念珠状。腹部末端有 4 根体肢，分别是上腿、下腿。卵初产时橘红色，有白色絮状蜡丝黏裹。若虫初孵化时棕黑色，腹面较淡，触角棕灰色，唯第 3 节淡黄色，很明显。

（2）为害特征　介壳虫侵害植物的根、树皮、叶、枝或果实。常群集于枝、叶、果上。成虫、若虫以针状口器插入果树叶、枝组织中吸取汁液，造成枝叶枯萎，甚至整株枯死，并能诱发煤污病，危害极大。

① 康氏粉蚧：若虫和雌成虫刺吸芽、叶、果实、枝叶及根部的汁液，嫩枝和根部受害常肿胀且易纵裂而枯死。幼果受害多成畸形果。排泄蜜露常引起煤污病发生，影响光合作用（图 7-38，见彩图）。

② 梨园蚧：受害枝条衰弱，叶稀疏。果实被害处呈黄色圆斑，绕虫体周围有紫红色晕圈（图 7-39，见彩图）。枝条上一旦发生，则是一大片梨园蚧相连，很易识别。

③ 草履蚧：以若虫和雌成虫常成堆聚集在芽腋、嫩梢、叶片和枝干上，吮吸汁液危害，造成植株生长不良，早期落叶（图 7-40，见彩图）。

（3）发生规律　套袋苹果生产中，由于套袋后果袋内阴暗、湿度大，温度较高，能满足介壳虫对环境条件的要求，且套袋的扎口、透水口、通气口为介壳虫进入袋内打开了“方便之门”，而喷施化学农药对袋内的虫体影响较小，因而发生严重，

① 康氏粉蚧：年发生 3 代，以卵在被害树干和枝条的粗皮缝隙中、剪锯口中、翘皮下，散落在果园的果袋、套袋病虫果，根际周围的土壤、杂草、落叶等处越冬，少数以若虫和受精雌成虫越冬。寄主萌动发芽时开始活动，卵开始孵化分散为害。第 1 代若虫盛发期为 5 月中下旬，6 月上旬至 7 月上旬陆续羽化，交配产卵。第 2 代若虫 6 月下旬至 7 月下旬孵化，盛期为 7 月中下旬，8 月上旬至 9 月上旬羽化，交配产卵。第 3 代若虫 8 月中旬开始孵化，8

月下旬至9月上旬进入盛期，9月下旬开始羽化，交配产卵越冬；早产的卵可孵化，以若虫越冬；羽化迟者交配后不产卵即越冬。雌若虫期35～50天，雄若虫期25～40天。雌成虫交配后再经短时间取食，寻找适宜场所分泌卵囊产卵。单雌卵量：1代、2代200～450粒，3代70～150粒。越冬卵多产缝隙中。此虫可随时活动转移为害。

② 梨园蚧：在苹果上年发生3代，以若虫和少量受精雌虫在枝条表层过冬，树体萌动时开始活动发育，5～6月出现第1代成虫。6～7月为产仔期，每雌产仔约60头。7～8月为第2代成虫期，每头产仔70余头。最多每雌产仔300多头。第3代成虫发生在9～11月，产仔后以若虫过冬。梨园蚧雄虫有翅，会飞，雌虫无翅。发育成熟时雌雄交尾，而后雌虫产仔胎生繁殖。仔虫爬行较快，向嫩枝、果实、叶片上转移，在1～2日内找到合适位置，口针刺入组织内吸食为害，从此固定位置，不再移动，并分泌蜡质形成介壳。在枝条上则多在雌虫介壳附近固定为害。所以当发现有虫枝条则虫口密集成片，越冬前转到叶和果实上的个体，大多不能延续后代而随叶的干枯和果实的消耗而消亡。只有在枝条上过冬的个体才能继续繁殖为害。此虫可随接穗和苗木做远距离传播。

③ 草履蚧：年发生1代，以卵在10～15厘米深土层和树干附近的缝隙、土石块下、草丛中越冬，极少数以初龄若虫越冬。

越冬卵于翌年2月下旬至3月上旬孵化为若虫。随着气温升高，若虫开始活动，行动迟缓，多在中午前后沿树干爬至嫩枝、幼芽等处群栖吸食。2龄若虫喜于直径5厘米左右的枝上为害，多集中在阴面，雌雄开始分化并分泌蜡粉。4月下旬2龄若虫不再取食，潜伏于树缝中、树皮下、土缝或杂草处，分泌大量蜡丝作茧化蛹，蛹期10天左右。5月上中旬，雄成虫大量羽化。雄成虫有趋光性。3龄雌若虫蜕皮变为雌成虫。雌雄成虫交尾后雄成虫即死亡，雌成虫继续吸食树体汁液，虫体迅速增大，危害加重。常于日出后上树为害，中午后下树潜入土缝等处，也有部分不上树在地表下为害根部，6月中下旬雌成虫开始下树，爬入表土，产卵，以卵

越冬。

草履蚧远距离传播扩散主要靠苗木带虫调运，近距离传播主要靠初龄若虫爬行或借风力、降雨、流水传播，由于活动和扩散范围有限，因此在果园内分布很不均匀。

（4）防治方法

① 认真清园，消灭在枯枝、落叶、杂草与表土中越冬的虫源。芽萌动期喷5波美度石硫合剂、5%柴油乳剂、机油乳剂等杀死过冬若虫，效果很好。

② 人工防治：介壳虫自身传播扩散力差，在生产过程中，发现有个别枝条或叶片有介壳虫，虫口密度小时，可用软刷轻轻刷除，或结合修剪，剪去虫枝、虫叶。要求刷净、剪净、集中烧毁，切勿乱扔。

③ 药剂防治：冬季果树休眠以后或早春萌芽前用5波美度的石硫合剂加适量白灰对果树枝干进行刷白，以消灭越冬的介壳虫。在萌芽前喷布含油量5%的柴油乳剂（柴油乳剂的配制方法为柴油：肥皂：水＝100：7：70，先将肥皂切碎，加入定量水中加热，待完全溶化后，再将已热好的柴油注入热肥皂水中，充分搅拌即成），也有很好的防治效果。休眠期在树枝上涂30～50倍的95%机油乳剂，也可先刮去茎干表皮再涂药。在离地50厘米处刮去一圈宽10厘米左右的表皮，深度达韧皮部，再用利刀纵割数刀，然后把药刷在刮皮处，药剂可用吡虫啉等，每厘米胸径用10～20倍稀释液2毫升左右。介壳虫在若虫孵化后，先群居取食，爬行一段时间后即固定为害，一般固定3～7天后就可形成介壳，介壳刚形成后的几天体壁软弱，是药剂防治的关键时期。因而应在介壳蜡质层未形成或刚形成时选用渗透性强的药剂，如40%啶虫毒1500～2000倍液、或40%速扑杀1000倍液、或48%乐斯本1000～1500倍液、或0.6%苦参碱800倍液、或40%融介乳油1500～2000倍液喷雾防治。用40%啶虫毒1500～2000倍＋5.7%甲维盐乳油2000倍混合液防治效果更佳。发生期每7～10天喷1次，连续喷2～3次。由于介壳虫分布不均匀，可重点对介壳虫发生严重的树体

喷药，套袋时扎口一定要严，一般套袋后5～7天，是康氏粉蚧向袋内转移的关键时期，可用48%乐斯本乳油2000倍液喷防。

④ 保护和利用天敌：如捕食吹绵蚧的澳洲瓢虫、大红瓢虫、寄生盾蚧的金黄蚜小蜂、软蚧蚜小蜂、红点唇瓢虫等都是有效天敌，可以用来控制介壳虫的危害，应加以合理的保护和利用。

⑤ 诱杀越冬虫体：采果后至落叶前，在树干上绑草，树盘覆草，诱集雌成虫在其中产卵，冬季将其集中烧毁，以减少越冬虫卵基数，为翌年防治打好基础。

五、 蛀干害虫

主要有天牛、吉丁虫类害虫，它们的共同点是幼虫蛀食树干、树枝，导致树体生长受阻。在陇东苹果生产中主要以桃红颈天牛、苹小吉丁虫和大青叶蝉危害为主。

1. 桃红颈天牛

（1）形态特征　成虫体长26～37毫米；体黑色，有光泽，前胸部棕红色，故名红颈天牛；前胸两侧各有刺突，背面有瘤状突起；鞘翅表面光滑，基部较前胸为宽，后端较狭；雄虫体小，前胸腹面密被刻点，触角超体长5节；雌虫前腹面有许多横纹，触角超体长2节（图7-41，见彩图）。卵长椭圆形，乳白色。老熟幼虫体长50毫米，黄白色，前胸背板前半部横列4个黄褐斑块，每块前缘有凹缺，侧缘斑块呈三角形（图7-42，见彩图）。蛹淡黄白色，前胸两侧和前缘中央各有突起1个。

（2）为害特征　幼虫蛀入木质部为害，造成枝干中空，树势衰弱，严重时可使植株枯死（图7-43，见彩图）。

（3）发生规律　2年发生1代为主，少数需3年，个别年发生1代。以大幼虫在树皮下及木质部蛀道中越冬。次年春暖花开时恢复活动，继续在皮层下和木质部钻蛀不规则的隧道，并向外排出大量红褐色虫粪及碎屑，堆满树干基部地面，5～6月危害最烈。严重时树干被蛀空而死。幼虫一生钻蛀隧道总长50～60厘米。6～7月羽化为成虫，羽出的成虫攀附在枝叶上取食，作为补充营养。成

虫交配后卵多产于主干、主枝的树皮缝隙中，幼虫孵化后先在树皮下蛀食，经滞育过冬，次春继续向下蛀食皮层。至7～8月，幼虫头向上往木质部蛀食，再经过冬天，到第3年5～6月老熟化蛹，羽化为成虫。

（4）防治措施

① 捕捉成虫：桃红颈天牛蛹羽化后，在6～7月成虫活动期间，可利用从中午到下午3时前成虫有静息枝条的习性，组织人员在果园进行捕捉，可取得较好的防治效果。可在成虫盛发期的早晨，特别是雨后成虫大量出现时，找到新鲜排粪孔用细铁丝插入刺杀成虫。

② 涂白树干：利用桃红颈天牛惧怕白色的习性，在成虫发生前对果树主干与主枝进行涂白，使成虫不敢停留在主干与主枝上产卵。涂白剂可用生石灰、硫黄、水按10∶1∶40的比例进行配制；也可用当年的石硫合剂的沉淀物涂刷枝干。

③ 刺杀幼虫：9月前孵化出的桃红颈天牛幼虫即在树皮下蛀食，这时可在主干与主枝上寻找细小的红褐色虫粪，一旦发现虫粪，即用锋利的小刀划开树皮将幼虫杀死。也可在翌年春季检查枝干，一旦发现枝干有红褐色锯末状虫粪，即用锋利的小刀将在木质部中的幼虫挖出杀死。

④ 药物堵杀：用48%毒死蜱乳油和细土按1∶30比例，加适量水混匀为糊状，刷堵树洞；也可用注干法，即用水泥钉由上向下呈45度角扎孔后，逐株注入毒死蜱细土糊状物，封杀幼虫。

⑤ 剪虫枝：冬季修剪时，剪掉虫枝，集中销毁。

2. 苹小吉丁虫

（1）形态特征　成虫全体紫铜色，有光泽，体长5.5～10毫米。雌虫体长7～9毫米，雄虫略小，头短而宽。前胸背板横长方形，鞘翅后端收窄，体似楔状（图7-44，见彩图）。卵长约1毫米，椭圆形扁平，初产时乳白色，后变黄褐色。幼虫体长15～22毫米。头部和尾部为褐色，胸腹部乳白色。头大，大部入前胸。体扁平，节间明显收缩，前胸特别宽大，中胸特小。腹部第七节最宽，胸足、腹足均已退化（图7-45，见彩图）。蛹长6～10毫米，纺锤形，淡褐色。

（2）为害特征　以低龄幼虫在枝干皮层内越冬。3～4月气温转暖后，越冬幼虫继续在枝干皮层内串食为害，被害处皮层枯死变黑，稍下陷。一般在侧枝向阳面受害较多，4～5月幼虫为害最烈，造成枝条枯死，幼树则整株死亡（图7-46，见彩图）。

（3）发生规律　一般年发生1代，3～4月气温转暖后，越冬幼虫继续在枝干皮层内串食为害，5～6月间老熟幼虫蛀入木质部并作蛹室化蛹。蛹期12～16天。成虫羽化后咬穿皮层外出，7月中旬至8月上旬为盛发期。成虫取食树叶，咬成缺刻；喜阳光，遇惊扰有假死习性；多在晴天中午活动，交尾产卵，多散产在枝条向阳面不光滑处。7月下旬幼虫孵化，即蛀入皮下食害形成层，至11月间在原处作茧越冬。

（4）防治措施

① 强化检疫：苹果小吉丁虫是检疫对象，可随苗木传到新区，应加强苗木出圃时的检疫工作，严禁带虫苗木调运，防止传播。

② 保护天敌：苹果小吉丁虫在老熟幼虫和蛹期，有两种寄生蜂和一种寄生蝇是其天敌。在不经常喷药的果园，寄生率可达36%。在秋冬季，约有30%的幼虫和蛹被啄木鸟食掉。

③ 人工防治：利用成虫的假死性，人工捕捉落地的成虫；清除死树，剪除虫梢，于化蛹前集中烧毁；危害严重时，及时锯掉被害枝干；人工挖虫，冬春季节，将虫伤处的老皮刮去，用刀将皮层下的幼虫挖出，然后涂5波美度石硫合剂，既保护和促进伤口愈合，又可阻止其他成虫前去产卵。有条件的果园可以利用频振式杀虫灯诱杀该虫。

④ 涂药熏蒸治幼虫：幼虫在浅层为害时，应反复检查，发现树干上有被害状，用80%敌敌畏乳油10倍液或50%敌敌畏乳油1000倍液和煤油按1∶（15～20）的比例混合后，用毛刷在树皮流出胶液的被害部位涂刷。在幼虫活动期间，将卫生球切成大米粒大

小（一个卫生球切 15 粒左右），找出蛀干孔口，掏净粪便和木渣，往孔内塞 4～6 粒卫生球碎块，然后用泥封口，以防气味漏出，1 周后检查，如有新的粪便和木渣，再重复防治 1 次。

⑤ 成虫羽化盛期树上喷药杀成虫。在苹小吉丁虫发生严重的果园，单靠防治幼虫往往还不能完全控制其为害，应在防治幼虫的基础上，在成虫发生盛期连续喷药。用 90％杜诺 4000 倍液＋10％吡虫啉 4000 倍液或 0.6％虫螨光 2000 倍全园喷洒 2～3 次。

3. 大青叶蝉

（1）形态特征　雌成虫体长 9.4～10.1 毫米，头宽 2.4～2.7 毫米；雄成虫体长 7.2～8.3 毫米，头宽 2.3～2.5 毫米（图 7-47，见彩图）。卵为白色微黄，长卵圆形，长 1.6 毫米，宽 0.4 毫米，中间微弯曲，一端稍细，表面光滑。若虫初孵化时为白色，微带黄绿。头大腹小。复眼红色。2～6 小时后，体色渐变淡黄、浅灰或灰黑色。3 龄后出现翅芽。老熟若虫体长 6～7 毫米，头冠部有 2 个黑斑，胸背及两侧有 4 条褐色纵纹直达腹端。

（2）为害特征　成虫和若虫为害叶片，刺吸汁液，造成褪色、畸形、卷缩，甚至全叶枯死。此外，还可传播病毒病。

10 月中旬成虫陆续转移到苹果树上为害并产卵于枝条内，10 月下旬为产卵盛期，直至秋后。产卵时，雌成虫会用锯状产卵器刺破寄主植物表皮形成月牙形产卵痕，造成伤口，易诱发枝条产生抽条现象，对幼树安全越冬非常不利。

（3）发生规律　在甘肃年发生 2 代。以卵在树木枝条表皮下越冬。4 月孵化，于杂草、农作物及蔬菜上为害，若虫期 30～50 天。各代发生期大体为：第 1 代 4 月下旬至 7 月中旬，成虫 5 月下旬开始出现；第 2 代 6 月中旬至 11 月上旬，成虫 7 月开始出现；发生不整齐，世代重叠。成虫有趋光性，夏季颇强，晚秋不明显，可能是低温所致。在苹果幼园间作马铃薯、蔬菜等作物的情况下发生严重。

（4）防治方法

① 在成虫期利用灯光诱杀，可以大量消灭成虫。

② 成虫早晨不活跃，可以在露水未干时，进行网捕。

③ 在9月底10月初收获庄稼时，或10月中旬左右当雌成虫转移至树木产卵，以及4月中旬越冬卵孵化幼龄若虫转移到矮小植物上时，虫口集中，可以用90%敌百虫晶体1000倍液、50%辛硫磷乳油1000倍液、50%甲胺磷乳油1000倍液喷杀。

10月上中旬成虫产卵前，在果树枝干上涂刷石硫合剂涂白剂。

第八章

危害苹果的草害及防治

第一节　苹果生产中常见草害的种类

苹果园中生长杂草易与苹果树形成争肥、争水、争空间的矛盾，影响苹果树体的生长，进而影响产量、质量及效益；同时，果园内的杂草生长，可为多种病虫提供生活场所，特别是病菌、虫体越冬数量会明显增加，导致病虫危害严重发生，影响苹果生产的正常进行。

危害苹果生产的草害种类较多，地域不同，所发生杂草危害的优势种群是不一样的。同一地区不同生长季节，同一果园不同生长阶段，所发生的主要草种也不相同，认识危害苹果的杂草，了解其生长习性，是防治其危害的基础，生产中要认真观察，对症施治，以提高防治效果。经观察，苹果生产中发生的主要草害如下。

一、刺儿菜

1. 形态特征

刺儿菜是小蓟草的别称，多年生草本植物，地下部分常大于地上部分，有长根茎。茎直立，幼茎被白色蛛丝状毛，有棱，高30～80厘米，基部直径3～5毫米，有时可达1厘米，上部有分枝。花序分枝无毛或有薄绒毛。叶互生，基生叶开花时凋落，下部和中部叶椭圆形或椭圆状披针形，长7～10厘米，宽1.5～2.2厘米，表面绿色，背面淡绿色，两面有疏密不等的白色蛛丝状毛，顶端短尖或钝，基部窄狭或钝圆，近全缘或有疏锯齿，无叶柄。小花紫红色或白色。瘦果淡黄色，椭圆形或偏斜椭圆形，长 3 毫米，宽 1.5 毫米，顶端斜截形。冠毛污白色，多层，整体脱落；冠毛刚毛长羽毛状，长 3.5 厘米，顶端渐细（图 8-1、图 8-2）。花果期 5～9 月。

图 8-1　刺儿菜 1

图 8-2　刺儿菜 2

2. 生长习性

刺儿菜适应性很强，任何气候条件下均能生长，普遍群生于撂荒地、耕地、路边、村庄附近，为常见的杂草。由于其匍匐根状茎很发达，耐药性强，防治难度较大。

二、 冰草

1. 形态特征

冰草（图8-3）是多年生草本，高15～75厘米。秆成疏丛，上部紧接花序部分被短柔毛或无毛，有时分蘖横走或下伸成长达10厘米的根茎。叶片长5～20厘米，宽2～5毫米，质较硬而粗糙，常内卷，上面叶脉强烈隆起成纵沟，脉上密被微小短硬毛。穗状花序较粗壮，矩圆形或两端微窄，长2～6厘米，宽8～15毫米；小穗紧密平行排列成两行，整齐呈篦齿状，含5～7小花，长5～12毫米；颖舟形，脊上连同背部脉间被长柔毛，第一颖长2～3毫米，第二颖长3～4毫米，具略短于颖体的芒；外稃被有稠密的长柔毛或显著地被稀疏柔毛，顶端具短芒长2～4毫米；内稃脊上具短小刺毛。

图8-3 冰草

2. 生长习性

适应半潮湿到干旱的气候，生长在干旱草原或荒漠草原。天然生冰草很少形成单纯的植被，常与其他禾本科草、苔草、非禾本科植物以及灌木混生。生于干燥草地、山坡、丘陵以及沙地。萌芽早，繁殖能力强，防治难度较大，为苹果生产中的恶性杂草之一。

三、 野艾蒿

1. 形态特征

多年生草本，有时为半灌木状（图 8-4），植株有香气。主根稍明显，侧根多；根状茎稍粗，直径 4～6 毫米，常匍地，有细而短的营养枝。茎少数，成小丛，稀少单生，高 50～120 厘米，具纵棱，分枝多，长 5～10 厘米，斜向上伸展；茎、枝被灰白色蛛丝状短柔毛。

图 8-4 野艾蒿

叶纸质，上面绿色，具密集白色腺点及小凹点，初时疏被灰白色蛛丝状柔毛，后毛稀疏或近无毛，背面除中脉外密被灰白色密绵毛；基生叶与茎下部叶宽卵形或近圆形，基部有小型羽状分裂的假

托叶；上部叶羽状全裂，具短柄或近无柄；苞片叶 3 全裂或不分裂，裂片或不分裂的苞片叶为线状披针形或披针形，先端尖，边反卷。

头状花序，椭圆形或长圆形，直径 2～2.5 毫米，有短梗或近无梗，具小苞叶。在分枝的上半部排成密穗状或复穗状花序，并在茎上组成狭长或中等开展，花后头状花序多下倾。总苞片 3～4 层，外层总苞片略小，卵形或狭卵形，背面密被灰白色或灰黄色蛛丝状柔毛，边缘狭膜质。中层总苞片长卵形，背面疏被蛛丝状柔毛，边缘宽膜质。内层总苞片长圆形或椭圆形，半膜质，背面近无毛，花序托小，凸起。雌花 4～9 朵，两性花 10～20 朵，花冠管状，檐部紫红色；花药线形，先端附属物尖，长三角形，基部具短尖头，花柱与花冠等长或略长于花冠，先端 2 叉，叉端扁，扇形。

2. 生长习性

野艾蒿对气候的适应性强，全国大部分地区均有分布，以阳光充足的湿润环境为佳，耐寒。对土壤要求不严，是果园中常见杂草之一，但在盐碱地中生长不良。

四、 苦苣菜

1. 形态特征

苦苣菜（图 8-5），又称苣荬菜，为 1 年生或 2 年生草本植物。根圆锥状，垂直直伸，有多数纤维状的须根。茎直立，单生。基生叶羽状深裂，全形长椭圆形或倒披针形。头状花序，少数为在茎枝顶端排紧密的伞房花序或总状花序或单生茎枝顶端。全部总苞片顶端长急尖，外面无毛或外层或中、内层上部沿中脉有少数头状具柄的腺毛。舌状小花多数，黄色。瘦果褐色，长椭圆形或长椭圆状倒披针形，压扁，每面各有 3 条细脉，肋间有横皱纹，顶端狭，冠毛白色，长 7 毫米，单毛状，彼此纠缠。花果期 5～12 月。

2. 生长习性

繁殖能力强，适应范围广，是苹果生产中的主要杂草之一。

图 8-5　苦苣菜

五、 灰菜

1. 形态特征

灰菜（图 8-6）是 1 年生草本植物。茎直立粗壮，有棱和绿色

图 8-6　灰菜

或紫红色的条纹，多分枝；枝上升或开展。单叶互生，有长叶柄；叶片菱状卵形或披针形，长3～6厘米，宽2.5～5厘米，先端急尖或微钝，基部宽楔形，边缘常有不整齐的锯齿，下面灰绿色，被粉粒。秋季开黄绿色小花，花两性，数个集成团伞花簇，多数花簇排成腋生或顶生的圆锥花序。花被5片，卵状椭圆形，边缘膜质，雄蕊5个，柱头两裂。胞果完全包于花被内或顶端稍露，果皮薄，和种子紧贴。种子双凸镜形，光亮。

2. 生长习性

灰菜是一种生命力强旺的植物，生于田间、地头、坡上、沟涧，是果园中主要草害之一。

六、 马齿苋

1. 形态特征

1年生草本，全株无毛。茎平卧或斜倚，伏地铺散，多分枝，圆柱形，长10～15厘米淡绿色或带暗红色。叶互生，有时近对生，叶片扁平，肥厚，倒卵形，似马齿状，上面暗绿色，下面淡绿色或带暗红色；叶柄粗短（图8-7）。花无梗，午时盛开；苞片叶状，

图8-7 马齿苋

近轮生；萼片对生，绿色，盔形，背部具龙骨状凸起，基部合生；花瓣黄色，倒卵形；雄蕊通常 8 枚，或更多，花药黄色；子房无毛，花柱比雄蕊稍长，柱头线形。蒴果卵球形；种子细小，多数，偏斜球形，黑褐色，有光泽，具小疣状凸起。花期 5～8 月，果期 6～9 月。

2. 生长习性

适应性极强，耐热、耐旱。对光照的要求不严格，强光、弱光下均可正常生长。在温暖、湿润、肥沃的壤土或沙壤土上生长良好，且在任何土壤中都能生长，能储存水分，即耐旱又耐涝，生活力强，广泛生长于果园、菜园、农田、路旁，为田间常见杂草。

七、 酸模叶蓼

1. 形态特征

茎直立，高 30～100 厘米，具分枝，光滑，无毛。叶互生有柄；叶片披针形至宽披针形，叶上无毛，全缘，边缘具粗硬毛，叶面上常具新月形黑褐色斑块；托叶鞘筒状（图 8-8）。花序穗状，

图 8-8 酸模叶蓼

顶生或腋生，数个排列成圆锥状；花被浅红色或白色，4 个深裂。瘦果卵圆形，黑褐色。

2. 生长习性

1 年生草本。一年可多次开花结实。适应性较强。

八、 白茅

1. 形态特征

别名茅针、茅根、茅草、兰根，禾本科白茅属，多年生草本，具粗壮的长根状茎（图 8-9）。须根，叶片主脉明显，叶鞘边缘与鞘口有纤毛。秆直立，高 30～80 厘米，具 1～3 节，节无毛。叶鞘聚集于秆基，甚长于其节间，质地较厚，老后破碎呈纤维状；叶舌膜质；分蘖叶片长约 20 厘米，宽约 8 毫米，扁平，质地较薄；秆生叶片长 1～3 厘米，窄线形，通常内卷，顶端渐尖呈刺状，下部渐窄，或具柄，质硬，被有白粉，基部上面具柔毛。圆锥花序稠密。

图 8-9 白茅

2. 生长习性

适应性强，耐阴，耐瘠薄和干旱，喜湿润疏松土壤。在适宜的条件下，根状茎可长达 2～3 米以上，能穿透树根，断节再生能力强。

九、 荠菜

1. 形态特征

1～2 年生草本植物。高 30～40 厘米。主根瘦长，白色，垂直向下，分枝。茎直立，单一或基部分枝。基生叶丛生，贴地，莲座状，叶羽状分裂，稀全缘，上部裂片三角形，不整齐，顶片特大，叶片有毛。茎生叶狭披针形或披针形，顶部几呈线形，基部呈耳状抱茎，边缘有缺刻或锯齿，或近于全缘，叶两面生有单一或分枝的细柔毛，边缘疏生白色长毛（图 8-10）。

图 8-10　荠菜

花多数，顶生或腋生成总状花序，开花时茎高 20～50 厘米。花小，白色，两性。萼 4 片，绿色，开展，卵形，基部平截，具白色边缘，十字花冠。短角果扁平。

2. 生长习性

只要有足够的阳光，土壤不太干燥，荠菜都可以生长，分布在全世界的温带地区，性喜温暖但耐寒力强。

十、 辣辣草

1. 形态特征

辣辣草为1年生草本植物。叶子细而长，两头尖，呈纺锤形；中间一条明显的叶脉贯穿其中，多数支脉由主脉延伸到叶边。最有特点的是每一片叶子中间都有一小团黑色的区域，位置居中，形状规整。茎秆的节与节之间绕着一圈淡淡的紫色，每一节都是两边粗、中间细，整个茎秆就像是由一根根骨头拼接起来。根细长（图8-11），生命力顽强，易成草坪，生长期与苹果树争肥争水。味辛辣。

图 8-11 辣辣草根

2. 生长习性

适应性强，是苹果生产中春季主要害草。

十一、 狗尾草

1. 形态特征

又称谷莠子，为1年生草本植物。秆直立或基部膝曲，高

10～100厘米，基部直径达3～7毫米。叶鞘松弛，边缘具密绵毛状纤毛；叶舌极短，边缘有纤毛；叶片扁平，长三角状狭披针形或线状披针形，先端长渐尖，基部钝圆形或渐窄，通常无毛或疏具疣毛，边缘粗糙。圆锥花序紧密呈圆柱状或基部稍疏离，直立或稍弯垂；主轴被较长柔毛，粗糙，直或稍扭曲，通常绿色或褐黄到紫红或紫色（图8-12）。

图8-12 狗尾草

小穗2～5个簇生于主轴上或更多的小穗着生在短小枝上，椭圆形，先端钝，浅绿色；鳞被楔形，先端微凹；花柱基分离。颖果灰白色。花、果期5～10月。

2. 生长习性

种子发芽适宜温度为15～30℃。种子出土适宜深度为2～5厘米，土壤深层未发芽的种子可存活10年以上。适应性强，耐旱耐贫瘠，酸性或碱性土壤均可生长。果园里长得最多。

十二、牛筋草

1. 形态特征

1年生草本。根系极发达。秆丛生，基部倾斜，高10～90厘

米。叶鞘两侧压扁而具脊，松弛，无毛或疏生疣毛；叶片平展，线形，无毛或上面被疣基柔毛（图 8-13）。穗状花序 2～7 个指状着生于秆顶，很少单生，颖披针形，具脊，脊粗糙；囊果卵形，基部下凹，具明显的波状皱纹。花果期 6～10 月。

图 8-13 牛筋草

2. 生长习性

因其贴地有力不易铲锄，茎和花柄颇为结实，不易拉断，是果园重要杂草。

十三、 大蓟

1. 形态特征

又称山萝卜，为多年生草本植物，高 0.5～1 米。根簇生，圆锥形，肉质，表面棕褐色（图 8-14）。茎直立，有细纵纹，基部有白色丝状毛。基生叶丛生，有柄，倒披针形或倒卵状披针形，长 15～30 厘米，羽状深裂，边缘齿状，齿端具针刺，上面疏生白色丝状毛，下面脉上有长毛；茎生叶互生，基部心形抱茎。头状花序顶生；总苞钟状，外被蛛丝状毛；总苞片 4～6 层，披针形，外层较短；花两性，管状，紫色；花药顶端有附片，基部有尾。瘦果长椭圆形，冠毛多层，羽状，暗灰色。花期 5～8 月，果期 6～8 月。

图 8-14　大蓟

2. 生长习性

喜温暖湿润气候，耐寒，耐旱。适应性较强，对土壤要求不严。在土层深厚、疏松肥沃的砂质壤土或壤土上生长旺盛。

十四、 牵牛花

1. 形态特征

牵牛花又称喇叭花（图 8-15），为 1 年生蔓性缠绕草本花卉。蔓生茎细长，3～4 米，全株多密被短刚毛。叶互生，全缘或具叶裂。聚伞花序腋生，1 朵至数朵。花冠喇叭样，花色鲜艳美丽。蒴果球形，成熟后胞背开裂，种子粒大，黑色或黄白色，寿命很长。花期 6～10 月，大多朝开午谢。

2. 生长习性

生性强健，喜气候温暖、光照充足、通风适度，对土壤适应性强，较耐干旱盐碱，不怕高温酷暑，属深根性植物，好生肥沃、排水良好的土壤，忌积水。

图 8-15 牵牛花

十五、节节草

1. 形态特征

又称土麻黄、草麻黄、木贼草。中小型植物，根茎直立、横走或斜升，黑棕色，节和根疏生黄棕色长毛或光滑无毛。地上枝多年生（图 8-16）。

2. 生长习性

以根茎或孢子繁殖。根茎早期 3 月发芽，4 月产孢子囊穗，成熟后散落，萌发，成为秋天杂草。性喜近水，是果园常见杂草。

十六、王不留行

1. 形态特征

又称麦蓝菜，为 1 年或 2 年生草本植物，高 30～70 厘米。全株平滑无毛，唯梢有白粉。茎直立，上部呈二叉状分枝，近基部节间粗壮而较短，节略膨大，表面是乳白色。单叶对生，无柄；叶片卵状椭圆形至卵状披针形，先端渐尖，基部圆形或近心形，稍连合抱茎，全缘，两面均呈粉绿色，中脉在下面突起，近基部较宽。疏生聚伞花序着生于枝顶，花梗细长，下有鳞片状小苞片 2 枚；花萼圆

图 8-16 节节草

筒状，花后增大呈5棱状球形，倒卵形，先端有不整齐小齿（图8-17）；蒴果包于宿存花萼内，成熟后先端呈4齿状开裂。种子多数，暗黑色，球形，有明显的疣状突起。花期4～6月，果期5～7月。

图 8-17 王不留行

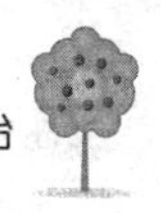

2. 生长习性

耐干旱耐瘠薄，也可与小麦一起生长，适应性极强，是果园中常见杂草之一。

十七、 米瓦罐

1. 形态特征

又称麦瓶草，为1年生或2年生草本植物。幼苗上胚轴不发达。子叶长椭圆形，先端尖锐，子叶柄极短，略抱茎。初生叶2片，匙形，全缘。成株全体有腺毛。茎直立，高15～60厘米，单生或叉状分枝，节部略膨大。叶对生，无柄，基部连合，茎生叶长圆形或披针形，全缘，先端尖锐。聚伞花序顶生或腋生，花少数，有梗。萼筒长2～3厘米，开花时呈筒状，结果时下部膨大呈卵形，裂片5，钻状披针形。花瓣5片，倒卵形，紫红或粉红色(图8-18)。雄蕊10枚。花柱3裂。蒴果卵圆形或圆锥形，有光泽，包于宿存的萼筒内，中部以上变细，先端6齿裂。种子肾形，螺卷状，长约1.5毫米，红褐色。

图8-18 米瓦罐

2. 生长习性

种子繁殖，以幼苗或种子越冬。花期4～6月，种子于5月即渐次成熟。是西北地区果园中夏季生长的主要杂草。

米瓦罐与王不留行很相像，但前者是草本植物石竹科麦瓶草属麦瓶草的幼苗的俗称，后者是石竹科麦蓝菜属草本植物，别名奶米、大麦牛、麦蓝子、留行子等。

十八、 车前草

1. 形态特征

多年生草本，连花茎高达50厘米，具须根。叶根生，具长柄，叶柄几与叶片等长或长于叶片，基部扩大；叶片卵形或椭圆形，先端尖或钝，基部狭窄成长柄，全缘或呈不规则波状浅齿，通常有5～7条弧形脉。花茎数个，具棱角，有疏毛；穗状花序长度为花茎的2/5～1/2；花淡绿色（图8-19）；花萼4，基部稍合生，椭圆形

图8-19 车前草

或卵圆形，宿存；花冠小，胶质，花冠管卵形，先端4裂，裂片三角形，向外反卷；雄蕊4，着生在花冠筒近基部处，与花冠裂片互生，花药长圆形，2室，先端有三角形突出物，花丝线形。蒴果卵

状圆锥形，成熟后约在下方 2/5 处周裂，下方 2/5 宿存。种子近椭圆形，黑褐色。花期 6～9 月。果期 7～10 月。

2. 生长习性

根茎短缩肥厚，密生须状根。适应性强，果园常见草害之一。

十九、 苍耳

1. 形态特征

1 年生草本，高 20～90 厘米。根纺锤状，分支或不分支。茎直立不分枝或少有分枝，下部圆柱形，上部有纵沟。叶互生，有长柄，叶片三角状卵形或心形，全缘或有 3～5 不明显浅裂，先端尖或钝，基出三脉，上面绿色，下面苍白色，被粗糙或短白伏毛。头状花序近于无柄，聚生，单性同株。雄花序球形，总苞片小，1 列，密生柔毛，花托柱状，托叶倒披针状，小花管状，先端 5 齿裂，雄蕊 5 枚，花药长圆状线形。雌花序卵形，总苞片 2～3 列，外列苞片小，内列苞片大，结成囊状卵形 2 室的硬体，外面有倒刺毛，顶有 2 圆锥状的尖端，小花 2 朵，无花冠，子房在总苞内，每室有 1 花，花柱线形，突出在总苞外。成熟具瘦果的总苞变坚硬，卵形或椭圆形（图 8-20），瘦果内含 1 颗种子。花期 7～8 月，果期 9～10 月。

图 8-20 苍耳

2. 生长习性

生长适应性极强，广泛生长于干旱山坡或砂质荒地。

二十、 早熟禾

1. 形态特征

1年生或冬性禾草。秆直立或倾斜，质软，高6～30厘米，全体平滑无毛（图8-21）。叶鞘稍压扁，中部以下闭合；叶片扁平或对折，质地柔软，常有横脉纹，顶端急尖呈船形，边缘微粗糙。圆锥花序宽卵形，开展；分枝1～3枚着生各节，平滑；小穗卵形，含3～5小花，长3～6毫米，绿色；颖质薄，具宽膜质边缘，顶端钝，外稃卵圆形，顶端与边缘宽膜质，具明显的5脉，脊与边脉下部具柔毛，间脉近基部有柔毛，基盘无绵毛，内稃与外稃近等长，两脊密生丝状毛；花药黄色，长0.6～0.8毫米。颖果纺锤形，长约2毫米。花期4～5月，果期6～7月。

图8-21 早熟禾

2. 生长习性

根茎发达，具有极强的分蘖能力，喜光，耐阴性也强，可耐50%～70%郁闭度，耐旱性较强。耐寒性较好，在－20℃低温下能顺利越冬，－9℃下仍保持绿色。抗热性较差，在气温达到25℃左

右时，逐渐枯萎。对土壤要求不严，耐瘠薄，但不耐水湿。

二十一、甘草

1. 形态特征

多年生草本，根与根状茎粗壮，茎直立，叶互生，奇数羽状复叶，小叶7～17枚，椭圆形卵状，总状花序腋生，淡紫红色，蝶形花（图8-22）。长圆形荚果，有时呈镰刀状或环状弯曲，密被棕色刺毛状腺毛。扁圆形种子。花期6～7月，果期7～9月。

图8-22 甘草

2. 生长习性

甘草喜光照充足、雨量较少、夏季酷热、冬季严寒、昼夜温差大的生态条件，具有喜光、耐旱、耐热、耐盐碱和耐寒的特性。甘草适应性强，抗逆性强。

二十二、蒲公英

1. 形态特征

多年生草本植物，高10～25厘米，含白色乳汁。根深长，单一或分支，外皮黄棕色。叶根生，排成莲座状，狭倒披针形，大头羽裂，裂片三角形，全缘或有数齿，先端稍钝或尖，基部渐狭成柄，无毛或有蛛丝状细软毛（图 8-23）。花茎比叶短或等长，结果时伸长，上部密被白色蛛丝状毛。头状花序单一，顶生；总苞片草质，绿色，部分淡红色或紫红色，先端有或无小角，有白色蛛丝状毛；舌状花鲜黄色，先端平截，5 齿裂，两性。瘦果倒披针形，土黄色或黄棕色，有纵棱及横瘤，横瘤有刺状突起，先端有喙，顶生白色冠毛。花期早春及晚秋。

图 8-23　蒲公英

2. 生长习性

蒲公英属短日照植物，高温短日照条件下有利于抽薹开花；较耐阴，但光照条件好则有利于茎叶生长。适应性较强，生长不择土壤，但以向阳、肥沃、湿润的砂质壤土生长较好；早春地温 1～2℃时即可萌发，种子在土壤温度 15～20℃时发芽最快，在 30℃以上时则反而发芽较慢，叶生长最适温度为 15～22℃。

二十三、曼陀罗

1. 形态特征

1 年生草本植物，高 0.5～1.5 米（图 8-24），全体近于平滑或在幼嫩部分被短柔毛。茎粗壮，圆柱状，淡绿色或带紫色，下部木质化。叶互生，上部呈对生状，叶片卵形或宽卵形，顶端渐尖，基部不对称楔形，有不规则波状浅裂，裂片顶端急尖，有时亦有波状牙齿，侧脉每边 3～5 条，直达裂片顶端，叶柄长 3～5 厘米。花单生于枝杈间或叶腋，直立，有短梗；花萼筒状，长 4～5 厘米，筒部有 5 棱角，两棱间稍向内陷，基部稍膨大，顶端紧围花冠筒，5

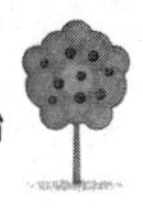

浅裂，裂片三角形，花后自近基部断裂，宿存部分随果实而增大并向外反折；花冠漏斗状，下半部带绿色，上部白色或淡紫色。蒴果直立生，卵状，长3～4.5厘米，直径2～4厘米，表面生有坚硬针刺或有时无刺而近平滑，成熟后淡黄色，规则4瓣裂（图8-25）。种子卵圆形，稍扁，长约4毫米，黑色。一般花期6～10月，果期7～11月。

图8-24 曼陀罗植株生长状

图8-25 曼陀罗果实

2. 生长习性

喜温暖、向阳及排水良好的砂质壤土。

二十四、 野枸杞

1. 形态特征

多分枝灌木，高 0.5～2 米；枝条细弱，弓状弯曲或俯垂，淡灰色，有纵条纹，棘刺长 0.5～2 厘米，生叶和花的棘刺较长，小枝顶端锐尖成棘刺状。叶纸质或栽培者质稍厚，单叶互生或 2～4 枚簇生，卵形、卵状菱形、长椭圆形、卵状披针形，顶端急尖，基部楔形。花在长枝上单生或双生于叶腋，在短枝上则同叶簇生；花梗长 1～2 厘米，向顶端渐增粗。花萼长 3～4 毫米，通常 3 中裂或 4～5 齿裂，裂片多有缘毛；花冠漏斗状，淡紫色，筒部向上骤然扩大，稍短于或近等于檐部裂片，5 深裂，裂片卵形，顶端圆钝，平展或稍向外反曲，边缘有缘毛，基部耳显著；雄蕊较花冠稍短，或因花冠裂片外展而伸出花冠，花丝在近基部处密生一圈绒毛并交织成椭圆状的毛丛，与毛丛等高处的花冠筒内壁亦密生一环绒毛；花柱稍伸出雄蕊，上端弓弯，柱头绿色。浆果红色，卵状，顶端尖或钝（图 8-26）。种子扁肾脏形，黄色。花果期 6～11 月。

2. 生长习性

喜光照。对土壤要求不严，耐盐碱、耐肥、耐旱、怕水渍。在肥沃、排水良好的中性或微酸性轻壤土生长良好，在强碱性黏壤土生长不良。

二十五、 风花菜

1. 形态特征

1 年生或 2 年生直立粗壮草本，高 20～80 厘米，植株被白色硬毛或近无毛。茎单一，基部木质化，下部被白色长毛，上部近无毛，分枝或不分枝。茎下部叶具柄，上部叶无柄，叶片长圆形至倒卵状披针形。长 5～15 厘米，宽 1～2.5 厘米，基部渐狭，下延成短耳状而半抱茎，边缘具不整齐粗齿，两面被疏毛，尤以叶脉为显

图 8-26 野枸杞

（图 8-27）。总状花序多数，呈圆锥花序式排列，果期伸长。花小，黄色，具细梗，长 4～5 毫米；萼片 4，长卵形，开展，基部等大，边缘膜质；花瓣 4，倒卵形，与萼片等长或稍短，基部渐狭成短爪；雄蕊 6，4 长 2 短或近于等长。短角果近球形，径约 2 毫米，果瓣隆起，平滑无毛，有不明显网纹，顶端具宿存短花柱；果梗纤细，呈水平开展或稍向下弯，长 4～6 毫米。种子多数，淡褐色，极细小，扁卵形，一端微凹；子叶缘倚胚根。花期 4～6 月，果期 7～9 月。

2. 生长习性

生命力极顽强，生于山坡、石缝、路旁、田边、水沟潮湿地及杂草丛中。是苹果园常见杂草。

二十六、 地椒

1. 形态特征

矮小半灌木状草本，有强烈香气。匍匐茎末端多成不育枝或偶成花枝。茎具四棱，枝紫色，密被绒毛（图 8-28）；花枝高 2～10 厘米。叶对生，2～4 对，卵形，长 0.5～1 厘米，侧脉 2～3 对，

图 8-27　风菜花

图 8-28　地椒

两面有凹陷腺点；下部的叶柄长约为叶片的一半，上部的叶柄变短。花序头状；花萼略唇形，喉部具毛环；花冠紫红色至粉红色，二唇形，长 6.5～8 毫米；小坚果近圆球形或卵圆形。花期 6～8 月，果期 9 月。

2. 生长习性

抗寒抗旱，适应性强，果园中多以地边生长为主。

二十七、 小蒜

1. 形态特征

鳞茎近球状，基部常具小鳞茎（因其易脱落故在标本上不常见）；鳞茎外皮带黑色，纸质或膜质，不破裂，但在标本上多因脱落而仅存白色的内皮。叶 3～5 枚，半圆柱状，或因背部纵棱发达而为三棱状半圆柱形，中空，上面具沟槽，比花茎短（图 8-29）。花茎圆柱状，高 30～70 厘米，1/4～1/3 被叶鞘；总苞 2 裂，比花序短；伞形花序半球状至球状，具多而密集的花，或间具珠芽或有时全为珠芽；小花梗近等长，比花被片长 3～5 倍，基部具小苞片；珠芽暗紫色，基部亦具小苞片；花淡紫色或淡红色；花被片矩圆状卵形至矩圆状披针形，内轮的常较狭；花丝等长，比花被片稍长直到比其长 1/3，在基部合生并与花被片贴生，分离部分的基部呈狭三角形扩大，向上收狭成锥形，内轮的基部约为外轮基部宽的 1.5 倍；子房近球状；花柱伸出花被外。花果期 5～7 月。

图 8-29　小蒜

2. 生长习性

抗性强，繁殖容易，苹果园局部草害之一。

二十八、 附地草

1. 形态特征

1～2 年生草本植物。茎通常多条丛生，稀单一，密集，铺散，高 5～30 厘米，基部多分枝，被短糙伏毛。基生叶呈莲座状，有叶柄，叶片匙形，长 2～5 厘米，先端圆钝，基部楔形或渐狭，两面被糙伏毛，茎上部叶长圆形或椭圆形，无叶柄或具短柄。花序生茎顶，幼时卷曲，后渐次伸长，长 5～20 厘米，通常占全茎的 1/2～4/5，只在基部具 2～3 个叶状苞片，其余部分无苞片(图 8-30)；花梗短，花后伸长，长 3～5 毫米，顶端与花萼连接部分变粗呈棒状；花萼裂片卵形，长 1～3 毫米，先端急尖；花冠淡蓝色或粉色，筒部甚短，檐部直径 1.5～2.5 毫米，裂片平展，倒卵形，先端圆钝；花药卵形，长 0.3 毫米，先端具短尖。小坚果 4 枚，斜三棱锥状四面体形，长 0.8～1 毫米，有短毛或平滑无毛，背面三角状卵形，具 3 锐棱，腹面的 2 个侧面近等大而基底面略小，凸起，具短

图 8-30　附地草

柄，柄长约1毫米，向一侧弯曲。早春开花，花期甚长。

2. 生长习性

生命力顽强，为苹果园中常见草害之一。

二十九、 香附子

1. 形态特征

多年生草本植物。有细长匍匐根状茎，部分肥厚成纺锤形，有时数个相连。茎直立，三棱形。叶丛生于茎基部，叶鞘闭合包于其上，叶片窄线形，先端尖，全缘，具平行脉，主脉于背面隆起，质硬。花序复穗状，3～6个在茎顶排成伞状，基部有叶片状的总苞2～4片，与花序几等长或长于花序；小穗宽线形，略扁平，颖2列，排列紧密，卵形至长圆卵形，长约3毫米，膜质，两侧紫红色，有数脉；每颗着生1花，雄蕊3枚，花药线形；柱头3枚，呈丝状（图8-31）。小坚果长圆倒卵形，三棱状。花期6～8月。果期7～11月。

图8-31 香附子

2. 生长习性

抗性强，适应性广泛，苹果园中常见杂草之一。

三十、 扁蓄

1. 形态特征

1年生草本植物，高15～50厘米。茎匍匐或斜上，基部分枝甚多，具明显的节及纵沟纹；幼枝上微有棱角。叶互生，叶柄短，约2～3毫米，亦有近于无柄者；叶片披针形至椭圆形，先端钝或尖，基部楔形，全缘，绿色，两面无毛；托鞘膜质，抱茎，下部绿色，上部透明无色，具明显脉纹，其上多数平行脉常伸出成丝状裂片（图8-32）。花6～10朵簇生于叶腋；花梗短；苞片及小苞片均为白色透明膜质；花被绿色，5深裂，具白色边缘，结果后，边缘变为粉红色；雄蕊通常8枚，花丝短；子房长方形，花柱短，柱头3枚。瘦果包围于宿存花被内，仅顶端小部分外露，卵形，具3棱，长2～3毫米，黑褐色，具细纹及小点。花期6～8月。果期9～10月。

图8-32　扁蓄

2. 生长习性

喜生长在潮湿阳光充足的地方。

第二节　苹果园杂草的防控

苹果生产中杂草种类多，生长期长，防治时应采用综合措施，

以提高防治效果，降低防治成本。根据生产实际，生产中应用的有效措施如下。

一、 加强果园中耕，抑制杂草的生长

山旱地果园，根据杂草生长情况，一般在4～9月间对果树行间中耕除草5～8次，可有效抑制杂草的危害。一般在雨后，杂草会进入快速生长期，应及时中耕。干旱会抑制杂草的生长，可适当延长中耕的时间。总体原则应坚持除早、除小、除了，以控制危害。中耕时注意远根处宜深，近根处宜浅，防止伤根。

二、 生草栽培

在川水地果园，可推行生草栽培，在果树行间种植浅根性的三叶草或黑麦草等草种，以形成优势种群，抑制深根性、高秆性等对苹果生长影响大的恶性杂草生长。

三、 覆盖栽培

在果园树盘或株间覆盖作物秸秆、杂草，覆盖厚度在20厘米左右时会有很好的抑草效果。应用黑色地膜覆盖，由于黑色地膜透光率差，导致膜下杂草见不到光而枯死，可大大降低果园内杂草的数量，减轻杂草危害，是非常有效的除草措施。

四、 化学除草法

化学方法除草见效快、省工、效果好，是目前应用最广泛的除草方法，但除草剂种类较多，必须根据杂草种类、果树品种、生长时期、土壤类型和气候条件等因素，选用适宜的除草剂品种，以避免发生药害。

1. 果园常用的几种除草剂

（1）草甘膦　此类除草剂是一种灭生性内吸传导型除草剂，低毒，主要通过杂草的茎叶吸收而传导至全株，使杂草枯死。用于防除各种1年生单子叶、双子叶杂草，且能灭除多年生杂草。如一般

难防治的茅草、芦苇、刺儿菜，及某些小灌木如酸枣、野枸杞、荆条等，均可杀死。

草甘膦常用剂型有10%草甘膦水剂、41%农达水剂、74.7%农民乐水溶性粒剂等。使用剂量，通常10%草甘膦水剂每亩用1.0～1.5千克（前剂量防治1年生杂草，后剂量防治多年生杂草，下同），41%农达水剂每亩用150～200毫升，74.7%农民乐水溶性粒剂每亩用100～200克。每亩药量一般兑水40～60千克，均匀喷洒在杂草叶面上。

（2）敌草隆　敌草隆5%可湿性粉剂，是内吸型除草剂，杀草范围广，效果好，不受气温影响，对1年生和多年生杂草、灌木均有效。施药后，杂草根部从土壤中吸收药剂，运输到茎、叶中破坏叶片的光合作用及养分的制造，叶片失绿变黄而枯死。可在杂草萌动时喷洒于地表，每亩用药0.2～0.4千克，加水35～40千克，杀草率可达90%以上，药效期60天以上。

（3）乙阿合剂　由乙草胺与莠去津混合而成，又称乙莠水悬浮乳剂，通过杂草的幼芽和幼根等处吸收，使杂草幼芽和幼根停止生长而死亡。杀草效果好，能有效灭除狗尾草、牛筋草、马齿苋、灰菜等1年生由种子繁殖的杂草。常用剂型有40%乙莠水悬浮乳剂、28%乙莠水悬浮乳剂。使用剂量，40%乙莠水悬浮乳剂每亩150～200毫升，兑水40～50千克喷施。对果园内没有多年生杂草危害的，采用乙莠水悬浮乳剂在3月下旬、6月下旬各用1次，可控制全年杂草滋生。

（4）扑草净　商品剂型为50%的可湿性粉剂，是一种内吸型除草剂，杀草范围广，对双子叶杂草杀伤力大于单子叶杂草，对多年生杂草也有防除作用。施药后，药液通过杂草的根、茎吸收后，抑制杂草的光合作用，使叶片失绿，阻碍养分的形成而死亡。在杂草萌发前或刚出土的细嫩杂草上施药药效好。可采用撒施或喷雾方式施药。喷雾每亩用药0.15～0.3千克，加水30～40千克。一般处理一周杂草开始枯死，有效期30～50天。

（5）除草醚　商品剂型为40%含量的乳剂，也有10%和25%

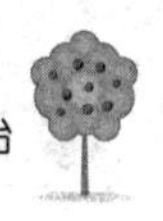

的可湿性粉剂，是一种具有触杀作用的除草剂。杀草范围较广，以种子繁殖的1年生杂草为主，对多年生杂草只有抑制作用，不能致死。在出土前，配成1.5%药液喷洒于地表，喷后两三天不浇水，药效可持续15～20天，当草芽接触药剂时发生枯斑，焦死。

2. 用药的关键时期

（1）春季　4～5月，当果园杂草长到5～6片叶，高度10～15厘米时，要抓住杂草开花结籽前这段时间施药。每亩用20%百草枯200毫升或41%农达200～250毫升，兑水40～50千克，均匀喷洒在杂草的茎叶上，可以起到很好的除草效果。

（2）夏季　6月中旬至7月中下旬，温度高，适宜杂草生长，如有降雨会出现果园杂草的发生高峰期。每亩用50%乙草胺乳油100～150毫升＋40%阿特拉津胶悬剂150～200毫升，兑水40～60千克，均匀地喷洒在果园的土壤表面，可以有效地防除1年生杂草。对前期控制不当，造成草荒的果园，可选用10%草甘膦水剂750毫升/亩＋20%绿麦隆可湿粉750毫升/亩等灭生性除草剂，彻底铲除果树行间的杂草。

（3）秋季　9月下旬，每亩用12.5%盖草能乳油40～60毫升，兑水45～50千克，均匀喷洒在杂草的茎叶上，不仅可以防除1年生杂草，而且可以防除多年生杂草。

3. 化学除草注意事项

（1）看草选时用药　果园内多数为1年生杂草时，在春季发芽前或杂草三叶期前喷用乙莠水悬浮乳剂。如果果园内有多年生杂草，可在其旺盛生长期喷草甘膦防除。

（2）据天气情况用药　按照天气干湿情况，适当兑水，均匀喷到杂草叶上（芽前除草均匀喷于地表）。

（3）定向用药　果园应用化学方法除草时，最好在喷头上安装防护罩，保证药液喷在杂草上，严禁将药液喷在果树上，以免产生药害。喷雾要均匀，对宿根性杂草处理应达到湿润滴水为好。要避开中午高温期用药。为了提高除草剂的利用率，可在喷用时添加洗衣粉、展着剂等渗透剂。喷后遇雨要重喷。化学除草法每年的应用次数要控制在3次以内，以防对苹果树体造成不良影响。

（4）避免在果树发育敏感期用药　果树在发芽、开花和幼果生长期对除草剂特别敏感，这几个时期容易产生药害，尽量少用或不用除草剂。

第九章 苹果生产中的其他有害生物危害及防治

近年来，随着生态环境的改变，中华鼢鼠、野兔、鸟雀、蜗牛种群数量急剧增加，对苹果生产的危害日益加重。生产中应加强防治，以减轻对苹果生产的危害。

一、 中华鼢鼠

别称瞎老鼠、地老鼠、原鼢鼠、瞎瞎。

1. 形态特征

体型粗短肥硬，呈圆筒状。体长 146～250 毫米，一般雄性大于雌性。头部扁而宽，吻端平钝，无耳壳，耳孔隐于毛下，眼极细小，因而得名（图 9-1）。四肢较短，前肢较后肢粗壮。其第 2 与第 3 趾的爪接近等长，呈镰刀形，尾细短，被有稀疏的毛。全身有天鹅绒状的毛被，无针毛，亦无毛向，毛色呈灰褐色，夏毛背部多呈现锈红色，但毛基仍为灰褐色，腹毛灰黑色，毛尖亦为锈红色，吻上方与两眼间有一较小的淡色区；有些个体的耳部中央有一小白点；足背部与尾上的稀毛为污色。整个头骨短而宽，有明显的棱角，鼻骨较窄，幼体的额骨平坦，老年个体有发达的眶上嵴，向后与颞嵴相连，并延伸至人字嵴处。鳞骨前侧有发达的嵴。人字嵴强大，但头骨不在人字嵴处形成截切面。上枕骨自人字嵴向上常形成两条明显的纵棱，向后略微延伸，再转向下方。门齿孔小，其尾端与前臼齿间没有明显的凸起，听泡相当低平。第 3 上臼齿上后端多一个向后方斜伸的小突起，而内侧的第 1 凹入角不特别深，因而与第 2 下臼齿极相似，只是稍小一些。

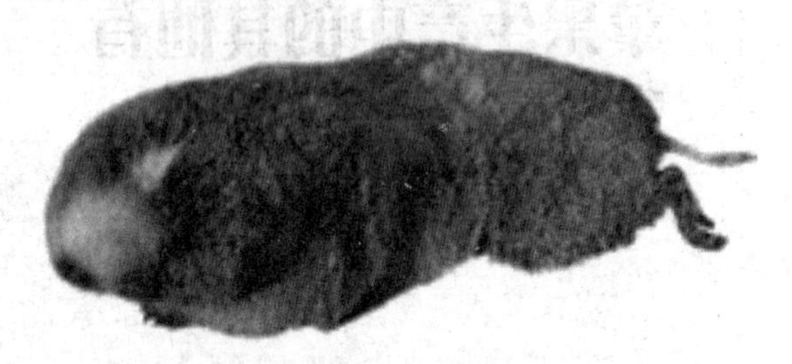

图 9-1　中华鼢鼠

2. 生活习性

鼢鼠终年在地下生活。广泛栖息于农田、草原、山坡、梯田等处。鼢鼠的洞道相当复杂，在它栖息的地面上有许多大小不等的土堆，地面上无直接敞开的洞口。就其洞道而言，有一条与地面平行、距地面 8～15 厘米、洞径为 7～10 厘米的主干道。其沿主干道两侧挖掘多条觅食洞道。比主干道更深一层的洞道称为常洞，一般距地面约 20 厘米，是鼢鼠由“老窝”至主干道进行取食等活动的通道。常洞比较宽大，内有临时仓库。

在常洞的下方，一般有 1～2 条向下直伸或斜伸的通道称为朝天洞，是来往于老窝的道路。老窝距地面 150～300 厘米。一般雄性的较浅，雌性的较深。在老窝中，一般均无巢室、仓库及便所。巢室直径约 15～29 厘米，巢深 10～13 厘米，内径 14～18 厘米。巢重 297～608 克。

一般每年有 2 次活动高峰，春季 4～5 月，觅食活动加强，同时进行交配，到 6～8 月交配结束，天气炎热，活动减少。秋季 9～10月作物成熟，开始盗运储粮，活动又趋向频繁，出现第 2 次活动高峰。所以在春、秋两季地面上新土堆增多。冬季在老窝内储粮，很少活动。据封洞和捕获时间分析，一天之内早晚活动最多。

雨后更为活跃。

中华鼢鼠终年生活在地下，怕光、怕声、怕风雨。一般取食植物根系、农作物块茎、块根，但取食重点因季节变化而有所不同，春、秋两季为重点取食期。春季是中华鼢鼠的产子阶段，自身需要储备一定的营养，对食物的需求量大，取食由冬季储藏品向植物活体转移，取食活动比较频繁。鼢鼠有一种封洞习性，当它的洞道被挖开后，就必然要推土封闭，将洞口堵死，然后另挖一通道衔接起来在林区活动。危害幼林，在苹果生产中啃食幼树根系，致使幼树枯黄以致死亡，山地果园危害严重。

3. 防治方法

（1）弓箭射杀法　弓箭安放在直的常洞上，洞口要切齐，洞顶的地面要铲平。弓距洞口约 15 厘米，箭头不要露入洞中，箭射下之后，要恰在洞道的正中位置。

（2）毒饵毒杀　毒饵法毒杀鼢鼠的关键是投饵方法。在 4 月中下旬和 9 月中下旬进行化学防治，可用溴敌隆加增效剂制成防鼠剂进行毒杀。该药剂防效好，对人畜安全，不产生二次中毒。鼢鼠常年在地下活动，视觉退化，但听觉、嗅觉异常灵敏，投饵时，应注意正确投放，以提高毒杀效果。投饵时可在鼢鼠的常洞上，用铁铲挖一上大下小的洞口（下洞口不宜过大），把落到洞内的土取净，再用长柄勺把毒饵投放到洞道深处，然后将洞口用草皮严密封住。或用一根一端削尖的硬木棒，在鼢鼠的常洞上插一洞口。插洞时，不要用力过猛，插到洞道上时，有一种下陷的感觉。这时不要再向下插，要轻轻转动木棒，然后小心地提出木棒。用勺取一定数量的毒饵，投入洞内，然后，用湿土捏成团，把洞口堵死。这种方法在松软的草地上使用较好。

（3）生物防治　荏子对鼢鼠有驱避作用，在幼龄苹果园中可间套种荏子，减少鼢鼠危害。秋季将荏秸秆还田，又可控制鼠害 2～3 年，保证幼树健壮生长。

（4）物理防治　在雨季尽可能地将果园周边的水引入园内灌溉，以溺死洞内的鼢鼠。

二、 野兔

又称草兔。

1. 形态特征

草兔毛色棕褐，也有红棕色和暗褐色的；腹毛白色或污白色。夏毛淡，短而无绒。毛色上的差异，与它们栖息的环境有关，说明它们能高度适应环境，隐蔽自己。草兔前肢较短，后肢长而有力，善奔跑，每秒可达10米左右。视觉佳，视野大。耳朵长，能作侧向扭动，捕捉声音，所以听觉十分灵敏。

2. 对苹果的危害

主要以危害幼树为主，冬春季常将树皮啃咬一圈，导致树体死亡，造成缺苗断垄，园貌不整齐。

3. 防治措施

（1）套索猎兔　套索要设在兔子通行的总径上和兔在林中通行的跑道上，必须选在野兔快跑的地方。设套时，不能踩乱兔子的踪迹，套索与兔径垂直支设，套索下部距地面10厘米左右，套索直径13～15厘米。使用的铁丝，也必须清除铁锈味和油渍味。

（2）踩夹猎兔　在兔子慢行的地方，安装踩夹效果好。使用踩夹猎兔，注意不能踩乱兽径上的踪迹。

三、 鸟雀

1. 鸟雀对苹果的危害性

近年来，苹果生产中果实被鸟雀啄食导致伤痕累累所造成的损失在逐年加重，已成为苹果生产中的一大公害。伤果不但降低了苹果的商品性，同时果实受伤后，易引发病虫危害。

2. 鸟雀危害的防治措施

（1）果实套袋　果实套袋可明显减轻鸟雀危害，但在脱袋后，要配套应用其他措施，加强鸟雀危害的防治。

（2）惊吓防鸟雀　在苹果园中扎摆草人，悬挂彩色塑料条，通过风吹摆动，对鸟雀进行惊吓。

（3）架设防鸟网　对鸟雀危害严重的果园可架设防鸟网，以减

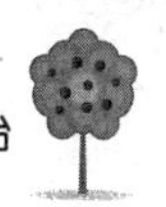

轻危害。在6月果实套袋后，用长30～40米、宽3米、网绳粗度0.2毫米左右、网格大小5厘米×5厘米的优质尼龙网，在果园人活动少的方向架设外围保护网。沿果园边缘埋设结实的木棍，木棍高4.5米左右，每隔40厘米埋一木棍，将网绑缚在木棍上，网高4米左右，使果园与外部形成一道隔离墙，在果园行间，每隔2～3行树顺行间方向，每10～15米，架设一个网，形成一排网。架设方法是在行间垂直于地面埋2根高3.5～4米的木棍，两木棍间距35～40厘米，然后将网绑缚在两木棍之间，使网的平面与地面垂直，网距地面留70～80厘米的空隙，并且注意将网的上下边之间稍粗的5根缆绳也绑在两侧的木棍上。绑缚时注意稍抽紧缆绳，使网面凹凸不平。鸟钻进网眼被捕后，将鸟取出，放归自然，经捕捉后的鸟就不会再来危害。一般每张网10元左右，每亩架设3～4张，成本为60～80元。

（4）使用驱鸟器　近年来，驱鸟器开始在生产中应用，可持续、有效地大范围驱鸟。

（5）使用驱鸟剂　将特制的驱鸟剂悬挂于苹果树上或用水稀释后喷雾，可缓慢持久地释放出一种影响鸟类中枢神经系统的清香气体。当禽鸟闻到后，使其产生过敏反应，促使禽鸟飞走，以达到驱赶鸟类的作用。或者当鸟啄食喷过驱鸟剂的果实后，可引起鸟类消化系统的生理变化，使其产生厌食反应，不再啄食果实。

该制剂为水性生物制剂，有生物降解性，药效好，无残留，不污染环境，对人畜无害，不伤害鸟类。使用时应注意：该制剂不能与农药混用；用药时可根据鸟类危害程度，于傍晚时分用水稀释成50～250倍液，搅拌均匀后喷洒在叶片和果实上；也可挂瓶使用，一般在果实可食期使用，使用浓度为15倍液，每亩挂30～60瓶。一般施药后有效期7～10天。

（6）打锣惊吓　在果实成熟期间，可在果园内观察，有鸟雀飞临时，打锣进行惊吓，会减轻危害。一般从早晨天亮后，到下午天黑前要持续进行。

（7）间断放炮　在果园内准备一些鞭炮，在鸟雀飞抵果园时，引燃，可惊退飞鸟。也可用艾蒿编成草绳，将鞭炮间隔一定距离插在草绳上，点燃草绳，间隔燃爆，达到惊吓鸟类的效果。

四、 蜗牛

是常见软体动物，以植物的根、茎和叶为食，尤其喜食幼叶和嫩叶，也危害果实。蜗牛取食叶片和叶柄，同时分泌黏液污染枝叶和花果，取食造成的伤口有时还可诱发腐烂病、落叶病等多种病害。

1. 生活习性

蜗牛喜欢生活于潮湿的灌木丛、草丛、田埂、乱石堆、枯枝落叶、作物根际土块和土缝中，昼伏夜出，怕阳光直射，适应性极强。每年繁殖1代，每年有2次为害期，第1次为4月中下旬至6月初，第2次为8月下旬至10月上旬。夏季高温干旱，蜗牛产卵后封口越夏，10月中旬开始潜伏在表土层内越冬，直到翌年3月、4月再次活动为害。多在4～5月产卵，大多将卵产在根际疏松湿润的土中、缝隙中、枯叶或石块下。

2. 为害特点

蜗牛觅食范围非常广泛，苹果的叶、芽、花、果实均可受害，夜晚咬食叶片、果实，造成较大的缺刻，孔洞。该虫爬行时分泌黏液，黏液遇空气干燥发亮，因此蜗牛爬行的地面会留下黏液痕迹。

3. 发生条件

① 降水偏多年份，果园环境湿度大，有利蜗牛取食和产卵。

② 果园栽植密度过大，果园内杂草丛生时，有利蜗牛生存和繁衍，蜗牛发生危害严重。

4. 防治方法

（1）人工捕捉　早晚或阴雨天，趁蜗牛在植株上活动时捡拾捕捉，带出田外集中烧毁。

（2）清洁果园　对蜗牛危害严重的果园，要注意实行清耕栽培，彻底清除园内杂草，恶化蜗牛生存环境，抑制蜗牛危害。

（3）物理防治　在果园周围撒生石灰或草木灰，阻止蜗牛进入

园内。

（4）化学防治　田间蜗牛开始危害时，每亩用密达 350～500 克，拌潮湿细沙 2 千克，于傍晚均匀撒在果园地面上。也可用 80.3%克蜗净 170 倍液或 48%乐斯本 1000 倍液加渗透剂树上喷雾防治。

第十章

苹果主要病虫害防治指标及化学防治用药的关键时期

第一节　苹果主要病虫害防治指标

将病虫害控制在一定的范围内，既有利于保持果园的生态平衡，又可降低防治成本，减轻污染，因而在防治时应明了病虫害的防治指标，以保证适期用药，达到理想的防治效果。

由于腐烂类病害传染性强，一般腐烂病防治指标为田间发现病斑；花腐病的防治指标为叶尖、叶缘或叶脉两侧出现红褐色不规则形病斑或不规则形小斑点；斑点落叶病重感病品种病叶率达5%～8%，中感病品种病叶率达到10%～15%；褐斑病病叶率达5%。叶片生理性病害指标：叶片硼含量19～22毫克/千克为苹果树缺硼临界值，果实显示缩果或不显示缩果，叶片硼含量10～19毫克/千克时显示明显缩果病症；叶片含锌量16～21毫克/千克为苹果树缺锌的临界值，叶片显示或不显示小叶症状，叶片含锌量在10毫克/千克时显示明显缩叶现象。食心虫类危害果实时防治的指标为卵果率达1%；食叶毛虫防治的指标为叶片被吃掉5%。蚜虫防治的指标为每叶有5～6头或每100个幼芽上有8～10个群体；瘤蚜防治指标为当卵孵化率达80%时。同时要考虑天敌与蚜虫的比例，一般当蚜虫（瘤蚜、黄蚜）与天敌（草

岭、瓢虫、小花蝽等）之比超过300：1时开始喷药。叶螨的防治指标为果实生长前期及花芽形成阶段（即7月中旬前），叶均有活动螨4～5头，果实生长后期（即7月中旬以后），叶均有活动螨7～8头。同时要考虑天敌，如天敌与害螨的比例在1：30时可不用药，通过天敌控制危害，当天敌与害螨的比例达到1：（30～50）时，可暂缓用药，当天敌与害螨的比例达到1：50时，应开始喷用选择性杀螨剂进行防治。

第二节　苹果病虫害化学防治时用药的关键时期

病虫害发生的不同阶段，化学防治用药的效果是完全不同的。在用药防治时，应主要在病虫形态较单一，危害较集中，抗药性较弱等关键时期用药，以提高药效。不同的病虫，用药的关键时期是不一样的。

腐烂病防治的关键时期为6～7月落皮层形成时的侵染高峰期和休眠期发病高峰期。干腐病、颈腐病防治的关键时期为发芽前，应及时喷用铲除剂，控制病源。夏季在果树生长期对苹果树枝干进行重刮皮，减少病菌侵染扩展及致病机会，可及早和有效地防止腐烂病疤复发。生长季随时发现病斑，随时刮治。花腐病防治的关键时期为萌芽期和初花期；斑点落叶病主要为害20天内的新叶，30天以上的老叶一般不受侵染，防治的关键时期为春梢和秋梢旺盛生长期；褐斑病防治的关键时期为7～8月；轮纹病、炭疽病防治的关键时期为落花后至套袋前；白粉病防治的关键时期为萌芽期和花前花后。苹果炭疽叶枯病主要在7月雨季高温期侵染发病，为此在6月底7月初喷施保护性杀菌剂，可很好地控制该病的发生。锈病用药的关键时期为花后1个半月内，应及时喷药2～3次，预防该病。展叶后，在瘿瘤上出现的深褐色舌状物未胶化之前喷第1次药。霉心病防治的关键时期是开花前后和花期，花前花后防治得好，病菌便不能进入心室，就可很好地控制危害。锈果病可在接近萌芽、花蕾还没有完全展开时，及苹果谢花后喷洒1.35%三氮唑核苷·铜可湿性粉剂1000倍，并在药剂中加入0.5千克鲜牛奶。谢花后至套袋前是防治黑点病的关键时期；红点病防治的关键时期为套袋前和摘袋前后。防治黑点病倡导花期用药，强化谢花后至套袋前用药，将病菌杀灭在套袋前。缺素引起的叶片黄化现象可在5～10月进行叶面喷肥防治。缺锌引起的小叶现象可通过早春树体未发芽前，在主干、主枝上喷施0.3%的硫酸锌＋0.3%的尿素，发芽后叶面喷1～2次0.3%～0.5%的硫酸锌溶液进行矫正。

苹果绵蚜各种虫态均覆有白色绵状物，喷药时期应重点在苹果绵蚜发生高峰前，其中花前和花后7天是树上施药防治的关键时期，9月也是关键时期之一。苹果黄蚜在苹果萌芽时（越冬卵开始孵化期）和5～6月间产生有翅蚜时防治效果较好。蚜虫繁殖快，世代多，一般当黄蚜虫芽率达5%时要及时用药。苹果瘤蚜防治的关键时期为苹果树展叶时期，通常虫蚜率达1%时开始用药。苹果花序分离期是山楂红蜘蛛越冬雌成虫出蛰盛期，越冬卵孵化盛期，是防治山楂红蜘蛛的第一个关键时期；落花后7～10天是山楂红蜘蛛第1代卵孵化盛期和成螨产卵盛期，是用药的第二个关键时期。苹果全爪螨在苹果花芽膨大时，越冬卵开始孵化，孵化期比较集中，西北果区6月上旬左右出现第2代成螨，以后世代重叠严重，因而花芽膨大期和6月上旬为防治的关键时期。食心虫一旦蛀进果内，就无法防治，防治的关键时期在蛀果前。苹果蠹蛾4月下旬越冬代成虫开始羽化，7月上旬开始出现一代成虫，7月中旬二代幼虫孵化蛀果，成虫产卵盛期为药剂防治的关键时期。卷叶蛾类为害嫩叶时，吐丝将其缀成团，匿身其中，防治难度较大，因而防治的关键时期应为越冬代成虫产卵盛期和各代幼虫孵化盛期，其中第1代幼虫发生期比较整齐，是全年防治的重点时期。金纹细蛾每年发生好几代，其中第1代成虫盛发期发生整齐，易防治，后期各代多交叉发生，世代重叠，难于防治，因此应抓好第1代成虫盛发期喷药防治效果较佳。苹小卷叶蛾在越冬幼虫累积出蛰率达60%时开始喷药，成虫羽化盛期后1～2天开始用药；介壳虫若虫期体表尚未分泌蜡质，介壳未形成，用药容易杀死，是用药的关键时期。如

康氏粉蚧在苹果落花后至果实套前，防治较容易；桑白蚧在越冬卵孵化率达30%时喷第1次药，在孵化率达60%时喷第2次药，可很好地控制危害。苹小吉丁虫幼虫在夹层或浅木质部为害，属较难防治的害虫，成虫发生期为防治的关键时期。

附录一

苹果病虫害周年防治歌

元月认真抓清园　　控制病虫防蔓延
病梢僵果要剪完　　集中烧毁最安全
老翘粗皮刮一遍　　病虫危害定大减
要防鼠害毁果园　　弓箭射杀不花钱

二月重点防腐烂　　逐树检查寻一遍
病斑应该早发现　　刮完病皮好皮见
石硫合剂与土拌　　病斑包围进里面
无氧病菌受了限　　好皮逐渐会出现
长效灵作用不一般　　涂抹伤口不会干
843 防治也灵验　　刮皮抹药不拖延
梧宁霉素也可管　　菌毒清来也可选
施纳宁用了较安全　　控制好了防扩散

三月果树萌芽前　　石硫合剂喷进园
越冬病虫全歼完　　全年防治少花钱
田鼠危害根咬烂　　严重之时根咬断
衰弱死树都可见　　造成果园大减产

防治应该把洞剜　毒鼠强拌葱放里边
洞的原状早复原　诱杀田鼠防毁园

时间进入四月天　金纹细蛾已出现
叶螨发生天干旱　金龟子田间胡乱窜
天牛主要害主干　梨小危害枝梢弯
白小危害叶片卷　卷叶幼虫出蛰前
轮纹孢子始扩散　炭疽孢子也侵染
白粉危害最常见　褐斑导致花腐烂
防治应该早超前　药剂选择范围宽
灭幼脲杀虫不一般　螨死净用来防叶螨
卷叶虫封闭出蛰前　敌杀死的防效宽
苦参碱用了安全　乐斯本喷了虫完
细致检查树枝干　磷化锌塞进洞里面
防病药物要挑选　保护治疗细分辨
保护药剂喷进园　防治树体被侵染
仙生大生防得宽　甲基硫菌灵效灵验
各种方法应该参　病枝病叶早去完

五月病虫大蔓延　多种病虫现田间
糖醋诱液挂田间　诱杀蛾类防产卵
卷叶蛾虫苞应捏烂　摘完卷叶寻不见
螨类防治不要慢　克螨特来喷一遍
如果少雨天干旱　抗蚜威喷施把蚜歼
毛虫为害叶肉舔　乐斯本杀来最保险
多菌灵喷施保叶片　防治轮纹和褐斑

六月桃小为重点　降雨之后最关键
辛硫磷胶囊施树盘　杀死幼虫出土前
田间应该细查看　发现果上有虫卵

及时树体喷巴丹　防止果实被钻眼
轮纹褐斑及叶螨　也应适时防治管
卷叶幼虫害叶片　啃食果皮果实烂
发生整齐是特点　集中用药作用显
乐斯本细致喷一遍　卵与幼虫都不见
及时喷用灭菌丹　防止轮纹大扩散
控制炭疽防蔓延　减少白粉来侵染
保护叶片防褐斑　促进光合以增产

七月田间病虫全　灭蛾净中尿素掺
金纹细蛾要控严　桃小成虫应全歼
扑海因喷施防叶螨　卷叶蛾为害细推算
一旦果园成虫见　蛾螨灵乳油喷一遍
干旱有利蚜虫繁　抗蚜威功夫把药换
乐斯本的防效显　也可喷用苦参碱
早期落叶已出现　发生原因细分辨
波尔多液应提前　防止叶片受侵染
喷药时间很关键　应在发病半月前
喷药相隔二十天　喷药次数气候参
轮纹炭疽果腐烂　多雨年份最常见
防治方法不简单　保护果实第一关
喷药应在降雨前　退菌特来杀菌丹
波尔多液相互换　多种药剂相配掺
以利取长来补短　控制危害防减产

八月危害不见减　防治力度不能缓
防治看树又看天　雨季用药有要点
用药间隔要缩短　雨前用药保果面
雨后喷药防扩散　严防果实出腐烂
代森锰锌不简单　甲基硫菌灵也灵验

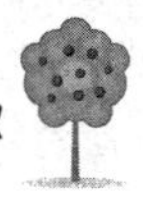

食心蚜虫及叶螨　卷叶幼虫现田间
敌杀死药液喷一遍　害虫踪迹难寻见
控好病虫防减产　优质高产效不减

九月重点抓两点　一防提前落叶片
二防果面出斑点　全程防治不能缓
早期落叶树光干　影响翌年把果产
秋稍易被白粉染　褐斑危害仍不减
甲基硫菌灵喷树冠　减少提前落叶片
轮纹田间仍扩散　炭疽发生很凸现
导致斑点出果面　引发果实早腐烂
杀菌药剂应挑选　退菌特来就可管
病虫果实早摘完　集中烧毁最保险
杂草绑在枝和干　诱集幼虫和虫卵
食心幼虫脱果前　被害果实全摘完
卷叶成虫飞田间　孵出幼虫把果钻
树干缝隙潜作茧　适时喷药来灭歼
敌百虫防治就灵验　也可试用苏云杆

十月主要防叶蝉　叶蝉产卵在树干
造成伤口成半圆　鳞伤遍体串枝面
生长衰弱成必然　枝萎冬春易抽干
十月中旬把卵产　抓紧涂白树枝干
阻止成虫来产卵　危害程度自然减
树体枝干绑草环　诱集成虫和叶螨
病虫落果应清捡　及时摘除病叶片

十一月份果采完　抓紧时间搞清园
解除绑草及草环　细致清扫烧叶片
周围杂草应清铲　病虫果实彻底捡

石硫合剂喷进园　　越冬基数大大减
细致检查树枝干　　剪除枯枝及腐烂

十二月份搞冬剪　　病虫防治配合管
病虫枯梢及早剪　　僵果病果勤摘捡

附录二

现代苹果绿色生产病虫害防治历

时间	防治对象	防治措施	注意事项
1月	腐烂病、干腐病等	(1)结合冬剪，剪除病枝、枯枝、虫枝。彻底刮除粗皮、翘皮。清除的各种病虫残体及病部组织要带出园外烧毁或深埋 (2)保护剪锯口，刮治腐烂病斑	苹果树修剪多提倡在12月底元月初进行，其主要目的是延长树体养分转运时间，增加根系中养分积累，使养分积累达到最大化，增强树体抗病力 生产中应加强伤口保护，以有效减轻腐烂病的发生，重点应把握以下关键环节：一是剪锯要锋利，修剪后剪锯口要光滑；二是修剪方法要正确，剪锯口要平，不留桩；三是剪后伤口要涂抹愈合剂，防风干；四是注意伤口包扎，在涂抹愈合剂后，可用果袋内袋粘贴或用塑料薄膜包扎伤口 在苹果树体休眠期，腐烂病会出现危害高峰期，可及时刮治病疤，以控制腐烂病漫延。刮治病疤时注意以下两点：一是病疤边缘刀口要整齐光滑，病斑应切成直茬、菱形，周围要切去3～5毫米的好皮；二是刮除的病疤要涂药保护。药剂可选择用福星、信生、腈菌唑、丙环唑、戊唑醇、恩泽霉、菌毒清、施纳宁、菌立灭、过氧乙酸、梧宁霉素、腐必清、农抗120、果树康、佛蓝克、辛菌胺、轮克多、9281、果康宝、果康宁、高效腐烂净等

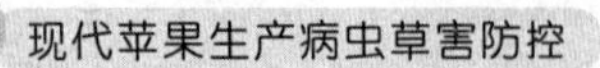

续表

时间	防治对象	防治措施	注意事项
2月	同1月	继续刮治腐烂病	在刮治腐烂病时要注意药物的选择，以提高防治效果。如用500倍80%戊唑醇涂抹病斑，具有愈合快、复发率低的特点。用160～200倍液金力士＋800倍液柔水通涂刷病疤，具有渗透力强、黏着性好、药效期长、杀菌彻底、使用安全的特点，可很好地控制腐烂病的危害
3月	叶螨、介壳虫和白粉病、腐烂病等	(1)树体喷布3～5波美度石硫合剂或70%多硫化钡100倍液、或晶体石硫合剂20倍液。防治叶螨、介壳虫和白粉病、腐烂病等 (2)继续检查刮治腐烂病疤，刮后用50～150倍液菌必净或843康复剂、或抗生素S-921、或石硫合剂原液、或绿树神医等涂抹	认真搞好清园，降低病虫害发生基数，为全年防治打好基础
4月	腐烂病、干腐病、白粉病、锈病、金纹细蛾、叶螨、蚜虫、金龟子、介壳虫、天牛、吉丁虫等	(1)田间红蜘蛛种群量大时，应在苹果红蜘蛛越冬卵孵化60%和100%、山楂红蜘蛛应在越冬成虫出蛰60%和100%时各喷1次1000倍液尼索朗或1波美度石硫合剂、或20%螨死净可湿性粉剂2000倍液，进行控制。树干包扎双面胶带纸粘杀出蛰后沿树干上爬的红蜘蛛 (2)蚜虫种群量大时，可在花芽露红时喷3000倍液10%的吡虫啉进行防治 (3)前一年金纹细蛾危害严重的果园，苹果萌芽显蕾期树体喷布20%杀铃脲悬浮剂7000～8000倍液，防治金纹细蛾越冬成虫	花期前，是害虫出蛰危害的高峰期，此期害虫出蛰后，大都暴露在地外面，极易接触农药，杀灭效果好，是防治的关键时期之一。可根据田间病虫的发生情况灵活用药，以提高防效

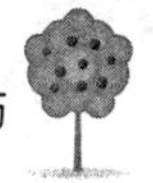

续表

时间	防治对象	防治措施	注意事项
		(4)有霉菌心病、花腐病发生的果园,花前喷布600～800倍液10%的菌毒清、1000倍液10%多抗霉素、800～1000倍液70%安泰生粉剂或600倍液80%大生M-45。终花期喷施1次600倍液大生M-45或8000倍液40%信生防治霉心病、花腐病 (5)白粉病、锈病多发的果园,可在落花80%时喷4%果树专用型农抗120或硫黄胶悬剂200～300倍液防治、或15%三唑酮可湿性粉剂1000～1500倍液、或62.25%仙生可湿性粉剂600倍液、或12.5%腈菌唑乳油3000倍液。点片发生园可人工剪除,剪后集中烧毁,防止再侵染 (6)显蕾至花期金龟子多发时,人工振落捕杀,树体喷1500倍液10%安绿保乳油或1500～2000倍液25%绿色功夫杀灭。树下每亩撒施2千克左右的辛拌磷颗粒剂,防治金龟子。树干基部离地面60厘米左右处捆扎塑料薄膜,防止金龟子上树 (7)剪除腐烂病干枯病枝,继续刮除病疤,烧毁所刮的病皮,用20倍S-921液对病疤消毒 (8)采取物理、生物措施防病虫:悬挂频振式杀虫灯,在19时开灯,次早6时关灯诱杀蛾类、跳甲蝼蛄等害虫;悬挂糖醋液(1份红糖、2份醋、0.4份白酒、0.1份敌百虫、10份水)诱杀金龟子;悬挂诱捕器诱杀金纹细蛾和梨小食心虫,悬挂时应注意挂在果树遮阴的树枝上,离地高度1.3～1.5米,每15～20天换1次;悬挂黄色粘虫板诱杀蚜虫、白粉虱等;用硬毛刷刷除附着在枝条上的介壳虫幼虫和卵;剪除白粉病病梢、天牛、吉丁虫为害病梢,集中烧毁;喷施2～3倍沼液,控制蚜虫、螨类的危害 (9)介壳虫危害严重的果园,可喷95%矿物油乳剂300倍液或3～5波美度石硫合剂防治	

续表

时间	防治对象	防治措施	注意事项
5月	斑点落叶病、炭疽病、白粉病、锈病、黑点病、苦痘病、金纹细蛾、叶螨、绵蚜、黄蚜、卷叶蛾、食心虫等	(1)落花后喷1次80%大生M-45可湿粉800倍液或70%甲基托布津可湿粉800～1000倍液、或50%多菌灵可湿粉600～800倍液、或80%喷克800倍液+10%多抗霉素1000倍液防治斑点落叶病、炭疽病、白粉病、锈病等。套袋前喷1次80%大生M-45可湿粉800倍液,以防套袋果黑点病 (2)从5月上旬开始,金纹细蛾基本为每月1代。随气温升高,成虫高峰期的间隔逐渐缩短。可在落花后和麦收前,各喷1次25%灭幼脲3号1500～2000倍液或20%杀铃脲5000～6000倍液、或30%蛾螨灵可湿粉2000倍液、或35%氯虫苯甲酰胺水分散粒剂2000倍液防治。及时更新性诱剂诱芯和糖醋液,诱杀成虫 (3)落花前后是防治山楂叶螨的关键时期,可通过叶面喷施2～3倍沼液或5%阿维菌素8000倍液、20%螺螨酯悬浮剂4000～6000倍液、或20%扫螨净4000倍液防治。5月1日悬挂苹小卷叶蛾诱捕器、5月20日悬挂桃小食心虫诱捕器,并喷施20%虫酰肼悬浮剂1500倍液或30%蛾螨灵2000倍液防治 (4)黄蚜危害严重时用10%吡虫啉3000～4000倍液或50%抗蚜威2000倍液、或50%灭蚜松可湿性粉1000倍液喷防	(1)要注意选择防治对象,对症用药。从4月中下旬花露红到6月幼果脱毛前,是枝干轮纹病、干腐、白粉等病害,及螨类、康氏粉蚧、桃小食心虫、金龟子等多种害虫猖狂发生期,在田间应细致观察,以确定防治对象,对症用药,提高防治效果。轮纹干腐病用菌毒清,白粉病用粉锈宁,炭疽病用大生M-45、多菌灵、苯菌灵等防治,螨类用克螨灵,康氏粉蚧、金龟子等用吡虫啉防治 (2)要适量用药。苹果花期和幼果期对药物是敏感期,药量控制不当,既有可能因用药量过大造成药害,又有可能会因药量过少而无效,导致徒劳。因此,一定要适量用药,以达到理想的防治效果。在花露绿时喷石硫合剂,石硫合剂用药量要足,要达到枝条变色,对控制全年的病虫效果较理想。杀虫杀菌剂要严格按说明书施药,在花开放时要尽量少用药,防止毒杀蜂类等授粉昆虫,避免用高毒高刺激性农药 (3)要适期用药,提高防效。多种病虫要在为害的初期及病菌虫体对药物敏感期用药,可达到最佳的控制效果。如在花后10～15天是棉铃虫、康氏粉蚧的防治关键时期。桃小食心虫出土上树为防治关键时期,要及时用药,千万不可错过机会 (4)选择性用药,减少副作用。在落花后到6月落果前要选择性

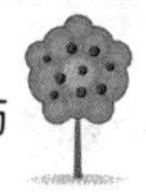

续表

时间	防治对象	防治措施	注意事项
		(5)有苹果绵蚜的果园，喷施48%乐斯本乳油1000～1500倍液防治。有卷叶蛾为害的果园喷施20%米满胶悬剂1500倍液或5%敌杀死乳油2000倍液防治 (6)5月下旬，裸地栽培的苹果园，树下喷昆虫病原线虫液(含60万条)或白僵菌，防治越冬代桃小食心虫。覆盖栽培的果园在5月中旬前覆好地膜，以阻止越冬代食心虫出土，减轻危害 (7)有黄叶病的果园，及时查找原因，对症施治。对缺铁引起的黄化现象，可喷200倍液黄叶灵或300倍液硫酸亚铁矫正；对伤根引起的黄化现象，要注意健根，以利恢复 (8)前一年有苦痘病为害的果园，在套袋前喷300倍速效钙或300～500倍液高效钙、500～600倍液钙得美进行防治 (9)田间介壳虫量大时，可喷施40%乐斯本1000～2000倍液或25%优乐得1000倍液、或40%速扑杀1000倍液控制危害	用药，防止果面被污染，出现锈斑、皱皮、小黑点现象，应忌锌、铁及尿素等叶面肥，不宜使用有机磷及铜制剂，多选用粉剂或水剂农药，减少对果面的刺激 (5)及时补钙。钙与果实品质的关系很密切，钙足则果脆，缺钙则易发生苦痘病、皮孔小裂，因而补钙是提高果实品质的有效措施之一。由于钙没有移动性，主要通过喷叶补充，喷时有严格的时间要求，一般以幼果期为主，应在谢花后开始到6月套袋前分3～4次喷施补充，喷施应以喷果为主 (6)喷药要密切关注天气状况，杀菌剂在雨前喷药是防治的关键，雨前喷可控制病菌的扩散。在用药上，雨前应以喷保护性杀菌剂为主，雨后喷内吸性杀菌剂，保护与防治相结合，控制危害。在喷药后24小时内遇雨应重喷
6月	斑点落叶病、炭疽病、腐烂病、金纹细蛾、旋纹潜叶蛾、叶螨、介壳虫、蚜虫、卷叶蛾、桃小食心虫等	(1)6月初是防治二斑叶螨的关键用药期，可喷施5%齐螨素8000倍液或1.8%阿维菌素2000～3000倍液，控制危害 (2)在春雨多，田间湿度大时，应注意及时喷施1000～1500倍液强力苯菌灵或1000倍液的灭菌灵、或10%苯醚甲环唑4000倍液、或3%中生菌素500倍液，防治早期落叶病和炭疽病	坐果后至套袋前三遍药很关键，在喷施时应注意选择对果面刺激作用小的药剂，正确用药，不同药剂交替使用，杀虫杀菌药剂及补钙复配应用，以减少田间工作量

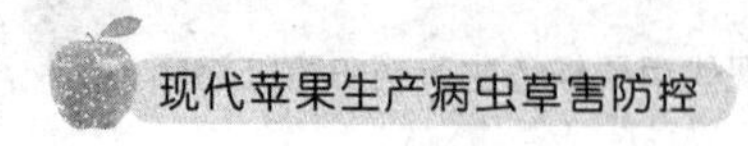

续表

时间	防治对象	防治措施	注意事项
		(3)蛾类害虫多的情况下,喷施2000倍蛾螨灵或1500～2000倍灭幼脲3号防治 (4)蚜虫田间种群量大时,可喷施20%好年冬2000倍液、15%杀蚜净2000倍液进行防治 (5)6月初桃小食心虫越冬幼虫出土盛期,树盘地面喷48%乐斯本800～1000倍液,施药后用耙子浅搂,杀灭出土幼虫。6月中下旬当桃小食心虫卵果率达到1%～2%时,喷施30%桃小灵乳油1500～2000倍液或25%桃小一次净1500倍液、或灭幼脲3号1000～1500倍液防治 (6)6月底落皮层形成期是苹果腐烂病侵染的高峰期,可对树干涂抹200～300倍液菌必净或300～400倍液果腐康、或200倍液15%施纳宁、或50倍液2.12%腐殖酸铜水剂、或300倍液25%丙环唑、或50倍液21%过氧乙酸,铲除病原菌	

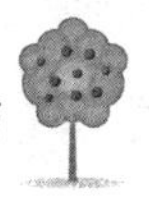

续表

时间	防治对象	防治措施	注意事项
7月	早期落叶病、炭疽病、红蜘蛛、金纹细蛾、食心虫、卷叶蛾等	(1)7月高温季节来临,当叶均山楂叶螨成螨达7～8头时,喷布1.8%阿维菌素2000～3000倍液或15%哒螨灵3000倍液防治 (2)雨后喷布倍量式波尔多液[硫酸铜：生石灰：水＝1：2：(160～200)]或绿得保600～800倍液，预防早期落叶病和炭疽病 (3) 没套袋的果园，加强田间观察，当桃小食心虫卵果率再次上升到1%时喷布1%抑太保1000～2000倍液或50%蛾螨灵1500～2000倍液杀灭孵化幼虫。可同时控制金纹细蛾、卷叶虫的危害	7月我国北方雨季来临，在雨季用药时应注意做到以下几项 (1) 据天气变化灵活喷药。做到刮风天不喷、下雨天不喷、高温天不喷、有雾天不喷、树上有露时不喷。尽量将喷药时间锁定在早上9点以前和下午16点以后的良好时段 (2) 对症用药：7～9月是病虫暴发危害的盛期，也是高温多雨季节，在农药选择上既要与病虫害对症，又要耐雨水冲刷，如世高、易保、波尔多液、甲基托布津、多菌灵、润果、哒奈铜等。喷药后1～2小时，即使下雨也不影响防治效果 (3) 注意喷药质量 ① 科学稀释农药。应先用少量水将农药稀释成母液，再将稀释好的母液按稀释比例倒入准备好的清水中，搅拌均匀即可 ② 配制药液一定要按照农药说明的有效浓度范围和最低有效剂量实施，不可粗估盲倒，随意增减使用倍数 ③ 喷药过程要均匀一致，不重喷，不漏喷，确保每一枝干、叶片正反两面，树冠内外上下全面着药 ④ 多雨时段缩短用药间隔期，注意交替用药 ⑤ 喷雾器垫片要勤更换，以达喷雾细小，雾化良好，节省药水的效果

续表

时间	防治对象	防治措施	注意事项
			(4)使用一些辅助剂增效。在药液中加入一定量的展着剂或增效剂,如柔水通、食用醋、中性洗衣粉等,不但能使药效大增,而且用量减少,喷药后遇雨也不影响药效,不需补喷 (5)根据降雨和病虫发生状况确定用药次数,抓住关键防期,提高防效
8月	早期落叶病、炭疽病、红蜘蛛、蚜虫、金纹细蛾、旋纹潜叶蛾、食心虫、卷叶蛾等	(1)据田间病虫的发生情况,喷2～3倍沼液控蚜控螨,叶螨多时加喷5%尼索朗2000倍液防治 (2)斑点落叶病发生时,喷1%中生菌素或5%硫黄悬浮液200～300倍液、或10%多抗霉素1000～1500倍液、或70%甲基托布津800～1000倍液、或50%多菌灵500～600倍液、或绿保得600～800倍液防早期落叶 (3)人工摘除桃小食心虫等病虫果,并集中深埋 (4)蛾类害虫数量多时喷25%灭幼脲3号1000倍液或蛾螨灵2000倍液,控制危害 (5)用45%施纳宁100～200倍液或龙灯福连100～200倍液,涂刷主干及骨干枝,可杀灭部分潜伏侵染的病菌,控制腐烂病的发生	根据天气状况和田间病虫危害情况,灵活掌握防治对象。多雨年份早期落叶病发生严重,为主要防治对象;而干旱年份,螨类易暴发成灾,应为防治的重点

续表

时间	防治对象	防治措施	注意事项
9月	同8月	(1)枝干绑草把,缠麻袋片,诱集越冬虫体 (2)收集诱捕器、黄色粘虫板,糖醋诱器,以备来年再用 (3)刮除老翘皮及腐烂病病疤。对树龄较大,树干上产生翘皮、粗皮的,刮去褐色皮层见绿不见白,可大幅降低梨星毛虫、苹小食心虫、梨小食心虫、山楂红蜘蛛等越冬害虫数量 (4)脱袋后,喷1次4%～5%的牛奶,进行补钙,提高果面光洁度 (5)秋雨较多,空气湿度较大时,对于套袋苹果,脱袋后喷1次80%大生M-45可湿性粉剂800倍液,防治果实黑点病	二斑叶螨、金纹细蛾、梨小食心虫、康氏粉蚧等害虫开始寻找越冬场所,绑草诱集害虫,在冬末春初集中烧毁,可有效降低害虫越冬基数,对翌年防治有很好的效果,要认真操作 刮皮重点以主干及主枝中下部的粗皮、翘皮为对象,对已发生病害的果树,一定要将病部刮干净。刮时要注意掌握"露红不露白",刮皮不露红,说明刮得轻,效果差,露了白,说明刮得深,会削弱树势。刮皮后,对所刮的皮要集中烧毁,不能乱扔
10月	金龟子、吸果夜蛾等	(1)田间有金龟子、吸果夜蛾危害时,可在果实临近成熟期,用诱虫净、糖醋液(糖∶醋∶白酒＝5∶2∶1)诱杀,保护果实,减少果实损失 (2)结合秋施基肥,深翻树盘,破坏在土壤中越冬害虫的生态环境,加速其死亡。减少病虫越冬基数	秋翻对防治土壤中越冬的病虫有明显的效果,通过土壤深翻,将在土壤中越冬的病菌和虫卵翻到地面上,经冬季低温冻死、冬春刮风干死或被鸟和其他天敌吃掉,减少越冬量

续表

时间	防治对象	防治措施	注意事项
11月	各种越冬病虫害	(1)落叶后细致清园,将园内枯枝、落叶、烂果、烂果袋及果园内和周边的杂草清理干净,集中烧毁或深埋,以减少越冬病虫的基数 (2)解除树干所绑的草或诱虫带,集中烧毁 (3)落叶后喷1次48%毒死蜱1000倍液+5%辛菌胺水剂400倍液,控制冬前田间病虫的数量 (4)在落叶后,用10倍果康宝(3%甲基硫菌灵)涂抹树干或主枝,全树喷50~100倍液果康宝或200~300倍液5%的菌毒清、或400倍液的45%施纳宁、或600倍液的25%丙环唑等,杀死越冬病菌,可有效抑制腐烂病的发生 (5)有条件的在土壤昼消夜冻时,对土壤进行灌溉,可杀死根基部的蚜虫卵,并且因土壤中含氧量和温度急剧下降而降低害虫蛹的量	落叶后,树势变弱,潜伏于枝干的腐烂病菌开始侵染,对腐烂病的防治应高度重视,可在落叶后喷用或树干涂杀菌剂,以减轻腐烂病的发生。除以上的药剂外,菌立灭2号、施纳宁、腐必清、农抗120、S-921等均有防效。其中喷用菌立灭2号后,可在树体表皮形成一层强力保护胶膜,有效封杀越冬病原菌;施纳宁可有效杀灭枝干表面病菌,对枝干潜伏病菌也有较强的控制作用;生物制剂农抗120、S-921、腐必清因其有效的杀菌作用和绿色环保的特点,而越来越广泛地被使用
12月	各种越冬病菌、虫体的清除,枝干病害的控制	(1)刮除老翘皮,集中深埋,减少病虫越冬基数 (2)枝干涂白,杀灭枝干上附着的病菌和虫卵。在落叶后,用8份生石灰、1份硫黄、1份食盐、0.1份动(植)物油、18份温水,或用10千克熟石灰、2千克食盐、0.25千克动物油、1.5千克石硫合剂原液制成涂白剂,涂刷树干,可明显降低病虫害的发生 (3)结合冬剪,剪除被害病虫枝,集中烧毁,降低越冬病菌虫体数量 (4)加强树体保护,防止冻裂引起枝干病的大发生	冬剪造成的伤口是腐烂病病菌侵染的重要途径之一,生产中要做好伤口保护,以有效控制腐烂病的发生 寒冷地区,在冬季要做好防寒工作,可通过涂白,树干绑草,绑塑料条、纸条等措施,减轻冻害的发生

参考文献

[1] 甘肃农科院果树研究所．甘肃主要果树栽培．兰州：甘肃科学技术出版社，1990.

[2] 吴燕民等．果树栽培必备．兰州：甘肃科学技术出版社，1991.

[3] 张玉星．果树栽培学．北京：中国农业出版社，1997.